LA TENUE DES LIVRES EN PARTIE DOUBLE OU COMPTABILITÉ COMMERCIALE

A L'USAGE DES MAISONS D'ÉDUCATION,

SE COMPOSANT

1° DE CET IN-8 EXPLIQUANT LA THÉORIE OU LES PRINCIPES;

2° DE TROIS REGISTRES DISTINCTS, SAVOIR :

BROUILLARD, JOURNAL ET GRAND-LIVRE

parfaitement gravés, et formant à la pratique.

PAR A. P*.**

REVUE SOUS LE RAPPORT GRAMMATICAL

PAR M. BONNEAU,

auteur de divers ouvrages sur la langue française
et notamment de *la Grammaire selon l'Académie*, ouvrage adopté.

PRIX : 2 FR. 75 C.

PARIS

CHEZ L'AUTEUR, PLACE DU PALAIS-BOURBON, 3;
DELALAIN, RUE DES MATHURINS-SAINT-JACQUES, 5;
HACHETTE, RUE PIERRE-SARRAZIN, 14;
EUGÈNE BELIN, RUE DE VAUGIRARD, 52;
PÉRISSE FRÈRES, RUE SAINT-SULPICE, 38;

1857

LA TENUE DES LIVRES EN PARTIE DOUBLE

Ch. Lahure, imprimeur du Sénat et de la Cour de Cassation,
rue de Vaugirard, 9, près de l'Odéon.

LA
TENUE DES LIVRES
EN PARTIE DOUBLE

OU

COMPTABILITÉ COMMERCIALE

A L'USAGE DES MAISONS D'ÉDUCATION,

SE COMPOSANT

1° DE CET IN-8 EXPLIQUANT LA THÉORIE OU LES PRINCIPES;

2° DE TROIS REGISTRES DISTINCTS, SAVOIR :

BROUILLARD, JOURNAL ET GRAND-LIVRE

parfaitement gravés, et formant à la pratique.

PAR A. P*.**

REVUE SOUS LE RAPPORT GRAMMATICAL

PAR M. BONNEAU,

auteur de divers ouvrages sur la langue française
et notamment de *la Grammaire selon l'Académie*, ouvrage adopté.

PRIX : 2 FR. 75 C.

PARIS

CHEZ L'AUTEUR, PLACE DU PALAIS-BOURBON, 3;

DELALAIN, RUE DES MATHURINS-SAINT-JACQUES, 5;
HACHETTE, RUE PIERRE-SARRAZIN, 14;
EUGÈNE BELIN, RUE DE VAUGIRARD, 52;
PÉRISSE FRÈRES, RUE SAINT-SULPICE, 38;

1857

OUVRAGES DU MÊME AUTEUR.

LA GRAMMAIRE SELON L'ACADÉMIE, revue par M. MICHAUD, membre de l'Académie française; *ouvrage adopté comme livre classique*, et autorisé pour l'usage des colléges. In-12, 27e édition. *Cart.*, 1 fr. 50 c.

EXERCICES FRANÇAIS, calqués sur les principes de la *Grammaire selon l'Académie*. In-12, 22e édition. *Cart.*, 1 fr. 50 c.

CORRIGÉ DES EXERCICES FRANÇAIS. In-12. *Cart.*, 2 fr.

ANALYSE grammaticale raisonnée, où sont développées toutes les règles de la grammaire. Ouvrage refondu et mis en rapport avec la *Grammaire selon l'Académie*. 13e édition. 1 fr. 25 c.

L'ANALYSE LOGIQUE dégagée de ses entraves et ramenée à la vérité. In-12, 10e édition. *Br.*, 1 fr. 40 c. *Cart.*, 1 fr. 50 c.

ABRÉGÉ de la *Grammaire selon l'Académie*, ouvrage adopté par le Conseil de l'Instruction publique. 110 pages d'impression. In-12, 25e édition. *Cart.*, 90 c.

EXERCICES RAISONNÉS SUR L'ORTHOGRAPHE, mis en rapport avec l'*Abrégé* de la Grammaire selon l'Académie. In-12, 23e édition. *Cart.*, 90 c.

CORRIGÉ des *Exercices raisonnés sur l'orthographe*. 1 fr. 25 c.

LA GRAMMAIRE réduite à sa plus simple expression, et MÉTHODE PRATIQUE, à l'usage des classes nombreuses. 2 volumes in-12, 19e édition. Prix des deux parties. 1 fr. 25 c.

Prix de la *Grammaire* seule. 1 fr. »

EXERCICES ORTHOGRAPHIQUES appropriés à l'intelligence du premier âge. 18e édition. 1 fr. 25 c.

CORRIGÉ des *Exercices orthographiques*. 1 fr. 50 c.

LES PARTICIPES PASSÉS réduits à deux règles qui ne souffrent *pas une seule exception*. 7e édition, entièrement refondue. 1 fr. 25 c.

LES PARTICIPES PRÉSENTS. Nouvelle théorie où ressortent l'insuffisance et le peu de solidité des règles qui jusqu'ici ont régi cette matière. 2e édit. *Cart.*, 1 fr. 25 c.

RÉCRÉATIONS GRAMMATICALES ou les 190 Barbarismes, Fautes de français, ou Règles fausses, contenus dans la Grammaire de M. Chapsal. Vol. de 144 pages. 2e édition. 30 c.

Et par la poste. 40 c.

AVANT-PROPOS.

Quoiqu'il existe un assez grand nombre d'ouvrages sur la comptabilité commerciale, il est pourtant vrai de dire qu'il n'en est aucun assez élémentaire, aucun assez *pratique* pour devenir le guide des jeunes gens ou des jeunes personnes destinés à la carrière du commerce.

Quant à la pratique surtout, point si essentiel en pareille matière, aucun auteur n'y a pensé ou ne s'en est occupé.

Aujourd'hui, plus que jamais, cependant, le commerce tient ses écritures dans un ordre, une propreté, une symétrie tels, qu'il est indispensable pour quiconque se destine aux affaires ou à la comptabilité, de se préparer, de se former à ces exigences bien fondées du reste.

Cette nécessité, conséquence de l'amélioration notable qui se remarque jusque dans les maisons de commerce les moins importantes, nous a suggéré l'idée d'allier la *pratique* et la *théorie :* nous donnons donc, pour les trois livres principaux, des modèles à suivre, tant sous le rapport de l'écriture même, qu'au point de vue de l'ordre et de l'arrangement qui doivent régner dans l'ensemble. Ainsi, à l'aide de ce cours, les élèves apprendront non-seulement à *rédiger* les articles selon la formule adoptée, mais encore à les *exposer* sur le papier, absolument

1

comme s'il s'agissait d'affaires réelles : cet avantage important, qu'on chercherait vainement ailleurs, et qui distingue si essentiellement ce cours de tout ce qui a été fait sur cette matière, la gravure seule pouvait l'offrir.

Et comme nous destinons ce travail plus particulièrement aux maisons d'éducation, nous avons voulu qu'il fût exempt de reproches sous le rapport de la grammaire; nous espérons qu'il en sera ainsi : notre manuscrit a été non-seulement corrigé, mais refondu en entier par M. Bonneau, auteur de divers ouvrages bien connus sur la langue française, et notamment de la *Grammaire selon l'Académie.* Cette révision a été faite avec d'autant plus d'avantage pour notre livre, que la comptabilité est au moins aussi familière à M. Bonneau qu'à nous-même.

Bientôt nous donnerons une *Arithmétique* exclusivement *commerciale*, et conséquemment dégagée de problèmes oiseux ou qui n'intéressent que la curiosité.

DE LA

TENUE DES LIVRES,

OU

COMPTABILITÉ COMMERCIALE.

La *Tenue des livres* est l'art d'écrire sur des registres toutes les affaires d'un négociant ou d'un marchand, dans un ordre et d'après des principes que nous ferons connaître plus loin.

Outre cet ordre et ces principes, cet art exige indispensablement et préliminairement la connaissance des calculs arithmétiques. Nous renvoyons, quant à ce dernier point, à notre Arithmétique commerciale (1); il ne sera donc question ici que de la *Tenue des livres* proprement dite.

Il y a deux sortes de tenue des livres, savoir : la tenue des livres *à partie simple* et la tenue des livres *à partie double;* nous ne traiterons que de ce dernier mode.

Mais avant de passer aux développements des principes et de nous occuper des articles qui doivent constituer ce cours, il est indispensable 1° de nous arrêter aux principaux *éléments* du commerce; 2° et de faire connaître les divers livres, nous voulons dire les divers *registres* qui concourent à former une comptabilité complète.

CHAPITRE PREMIER.

DES ÉLÉMENTS DE COMMERCE.

Aussi longtemps que les hommes vécurent épars et isolés sur la surface de la terre, et tant qu'ils n'eurent point introduit

(1) Nous avions espéré publier l'*Arithmétique commerciale* en même temps que cet ouvrage; mais, bien qu'elle ne soit pas terminée, sa publication ne peut longtemps se faire attendre.

parmi eux l'usage des métaux, c'est-à-dire l'or et l'argent, il n'entra dans leurs transactions, dans leurs échanges, qu'un seul élément, savoir, les *marchandises*.

Plus tard, et lors de l'usage des métaux, ils en eurent deux : les *marchandises* et l'*argent*.

Longtemps, sans doute, tout le commerce fut réduit à ces deux éléments. Mais, de nos jours, et depuis une époque qu'on croit pouvoir préciser (du XIe au XIIe siècle), nous comptons trois éléments, savoir :

les *marchandises*,
l'*argent*,
les *effets de commerce* ou *billets*.

Tout le monde, sans même en excepter les enfants, sait ce qu'on entend par *marchandises* et *argent;* il n'en est pas ainsi quant aux *effets de commerce* ou *billets*. C'est là un point capital, tant en comptabilité que dans la pratique des affaires, et qu'il est non-seulement utile mais indispensable de bien connaître; aussi le traiterons-nous avec quelque étendue.

Des divers Effets de commerce ou *Billets*.

On entend par *effet* ou *billet* la promesse écrite que nous faisons à quelqu'un de lui payer une certaine somme à une certaine époque.

Il y a six sortes d'effets, savoir :

le *billet à ordre*,
la *lettre de change* ou *traite*,
le *billet à domicile*,
le *billet au porteur*,
la *lettre de crédit*,
et la *reconnaissance*.

Ces six sortes d'effets diffèrent essentiellement les unes des autres, autant par l'usage qu'on en fait, par leur rédaction et les obligations qu'ils imposent, que par leurs conséquences; c'est ce qui va être développé à la suite du modèle de chacun d'eux.

Du Billet à ordre.

Le *billet à ordre* est un engagement pris par celui qui le fait de payer à un autre, ou *à l'ordre* de cet autre, une certaine somme à une époque fixée; en voici la formule :

Paris, le 25 juin 1857. *B. P. F. 4 500*

Le trente septembre prochain, je paierai à l'ordre de M. Dupré la somme de quatre mille cinq cents francs, valeur reçue en marchandises.

Arnaud,
15, rue Richelieu.

Explication. Les majuscules B. P. F. qui se trouvent en tête du billet signifient *bon pour francs*.

L'expression *à l'ordre*, qui est dans le corps du billet, donne à Dupré, à qui la somme est due, la faculté de céder ce billet à une autre personne, celle-ci à une troisième, cette troisième à une quatrième, etc., etc. Mais il faut pour cela,

1° que celui qui le cède écrive au dos du billet ces mots : *passé à l'ordre de N.*, ou bien, *payez à l'ordre de N.;*

2° qu'il désigne le motif de cette cession ;

3° qu'il mette la date et qu'il signe.

Or l'endos d'un billet est ainsi conçu :

passé à l'ordre de N., valeur en espèces, Paris, le....

GÉRARD.

Ces derniers termes, *valeur en espèces*, sont quelquefois remplacés par ceux-ci, *valeur en compte*, ou *valeur en marchandises*, selon le motif de la cession ; cela est indispensable, le Code de commerce le prescrit ainsi (1).

---

(1) Malgré ces prescriptions de la loi, très-souvent les endosseurs se contentent d'apposer leur signature au dos du billet. Cette négligence expose tour à tour celui qui se la permet et celui qui l'accepte.

Elle expose celui qui se la permet dans le cas que voici :

Paul nous cède, par un endos *régulier*, un effet de fr. 3 000, que nous cédons, nous, par un endos *irrégulier* à Charles. Au lieu d'être exact à présenter cet effet lors de l'échéance, Charles, par oubli ou par négligence, commet la faute d'attendre quelques jours au delà; et cet effet, souscrit par un débiteur mauvais, n'est pas payé. Quelle est alors la situation de chacun? Si notre endos était *complet*, *régulier*, Charles encourrait la responsabilité de sa négligence : il aurait affaire directement au souscripteur. Mais notre endos étant *irrégulier*, les tribunaux de commerce, pour cela seul, considèrent Charles, non comme le possesseur du billet, mais comme accomplissant pour nous un acte, sinon purement officieux, du moins un acte de fondé de pouvoir.

Or, Charles étant dégagé de toute responsabilité à notre égard, nous rend le

Écrire au dos d'un billet ces mots, *passé à l'ordre d'un tel*, *valeur reçue en....* et signer, cela s'appelle *endosser*, et on nomme *endosseur* celui qui les écrit et qui signe.

Par le Code de commerce, tous les endosseurs étant solidaires, c'est-à-dire responsables les uns pour les autres, un billet est présumé d'autant meilleur, semble présenter d'autant plus de garantie qu'il porte un plus grand nombre d'endosseurs.

Toute personne qui endosse un billet contracte donc par cela même l'obligation de le payer, dans le cas où celui qui l'a souscrit et ceux qui l'ont endossé avant elle seraient insolvables.

1re *Remarque*. En payant un effet à ordre, il faut exiger que celui à qui on donne son argent l'*acquitte*, c'est-à-dire qu'il y écrive ces mots *pour acquit* et qu'il signe. Faute de cet acquit, et alors même que l'effet serait détruit, le paiement pourrait en être réclamé et exigé une seconde fois : il suffirait pour cela que le réclamant pût constater au moyen de ses livres que cet effet a existé et qu'il l'a eu en sa possession.

Un billet à ordre ne peut être que la conséquence d'une opération de commerce. Or il n'est guère en usage que parmi les marchands. Cependant une personne qui n'est pas dans les affaires peut régulièrement souscrire un effet à ordre, si cet effet est la conséquence d'une opération commerciale. Dans ce cas, il faut, si elle ne l'a pas écrit en entier de sa main, qu'elle

---

billet, que nous sommes obligés de rembourser. De plus, nous perdons notre recours contre Paul, faute de pouvoir justifier du protêt. (Nous dirons, page suivante, ce qu'on entend par *protêt*.)

Quelquefois, au contraire, un endos irrégulier peut n'être pas sans inconvénient pour celui qui s'en contente. Il est vrai de dire cependant que, pour l'immense majorité des cas, l'irrégularité de l'endossement, dans cette seconde hypothèse, est sans conséquence, surtout quand l'endosseur est bon, c'est-à-dire solvable. Mais si le souscripteur de l'effet est peu sûr ou inconnu, et que l'endosseur qui nous le cède n'offre pas une garantie complète, c'est le cas d'exiger un endos régulier, et voici pourquoi : l'endos étant irrégulier, et le souscripteur ne payant pas, nous nous retournons contre l'endosseur, il est vrai ; mais si celui-ci veut y mettre du mauvais vouloir, apporter des lenteurs ; si, en un mot, il est dans des dispositions telles, que la contrainte par corps, c'est-à-dire le pouvoir de le faire incarcérer, puisse seule le faire céder, nous nous trouvons sans force, car nous avons perdu ce puissant moyen d'action par le fait seul de l'irrégularité de l'endos, puisque, et ainsi que nous venons de le dire, les tribunaux nous considèrent, non comme le possesseur de cet effet, mais simplement comme un intermédiaire entre l'endosseur et le souscripteur.

mette avant sa signature, *bon* ou *approuvé* pour la somme de.... (cette somme se met en toutes lettres). Quant aux marchands, ils sont dispensés de cette formalité.

Ce qu'il faut faire quand un billet à ordre arrivé à son échéance n'est pas payé.

Remarquons d'abord qu'un effet à ordre ne peut se trouver dans nos mains qu'à l'une des deux conditions suivantes : ou il nous a été cédé par un endosseur, ou il nous est venu directement du souscripteur. S'il nous vient d'un endosseur, et qu'arrivé à son échéance, ce billet ne soit pas payé, il faut, le lendemain de l'échéance, et non plus tard, faire constater le refus de paiement par un acte d'huissier qu'on appelle *protêt*. Cet acte donne le droit de réclamer immédiatement la somme du billet à celui de qui on le tient ou à celui des endosseurs qu'il nous plaît de choisir.

A défaut de protêt le lendemain de l'échéance, tout recours contre les endosseurs serait perdu, et on n'aurait plus affaire qu'au souscripteur lui-même, c'est-à-dire à celui qui a fait le billet. Ce serait là une position fâcheuse; car toute personne qui est dans le commerce, sachant bien qu'il suffit de ne point acquitter *un seul* de ses billets à ordre pour compromettre et perdre même son crédit, est à juste titre regardée comme insolvable quand ce cas se présente : aucune considération ne doit donc nous empêcher de faire le protêt. Toutefois, lorsque l'un des endosseurs demeure dans le lieu même, on lui présente le jour de l'échéance, ou au plus tard le lendemain, sans attendre le soir, le billet qu'en général il paie, et c'est lui qui demeure chargé de faire protester.

Nota. Si le jour de l'échéance est un jour férié, c'est-à-dire un dimanche ou un jour de fête reconnue, le billet est payable la veille ; et, en cas de non-paiement, le protêt doit être fait le lendemain du jour férié.

Second cas. Quant au billet *directement souscrit à notre ordre*, s'il n'est pas payé à son échéance, et que par considération ou par ménagement pour le débiteur nous voulions lui accorder quelque temps, nous pouvons, puisqu'il n'y a point d'endosseur, et conséquemment point de garantie à sauvegarder, nous pouvons non-seulement ne pas faire protester dans les vingt-quatre heures, mais encore différer ce protêt jusqu'à cinq ans *moins un jour*, à partir de la date de l'échéance, sans que, pour cela, le billet que nous avons dans les mains perde son caractère de billet à ordre. Mais le dernier jour des cinq ans, si ce billet n'a pas été *renouvelé*, c'est-à-dire remplacé par un autre, le protêt devient indispensable pour que nous nous trouvions dans la même position que si cet acte eût été fait le lendemain de l'échéance. Bien plus, à défaut de protêt dans le cours des cinq ans, tout effet à ordre ne vaut plus rien, *absolument rien*, celui qui devait le payer pouvant invoquer le bénéfice de la *prescription*.

On entend par *prescription* un certain temps *prescrit*, fixé, limité par la loi, et à l'expiration duquel une personne qui devait réellement, se trouve légalement libérée, légalement déchargée de sa dette, absolument comme si elle l'avait payée. Si, plus tard, cette personne s'acquitte néanmoins, ce n'est qu'autant qu'elle le voudra bien, et conséquemment pour obéir à des scrupules, à des principes de probité, qui malheureusement n'existent pas chez tous les hommes.

Et s'il y a eu protêt, soit le lendemain de l'échéance, soit un an, deux ans, quatre ans, cinq ans moins un jour après l'échéance, le délai de cinq ans pour la prescription se compte, non à partir de l'échéance du billet, mais de la date du protêt.

Si, au lieu de limiter ses poursuites à un simple protêt, on les a poussées jusqu'à obtenir jugement, la prescription ne saurait plus atteindre cette créance qu'au bout de trente ans.

Nota. Lorsque, par ménagement pour un débiteur qui peut n'être pas en mesure d'acquitter son effet le jour fixé, nous désirons lui éviter le désagrément d'un protêt, il nous suffit de l'indiquer par ces mots *sans frais*, que nous plaçons avant notre signature, soit au bas du billet, soit à l'endos.

Remarques particulières au protêt et à ses suites.

1re *Remarque.* Lors même qu'à l'échéance d'un effet à ordre, le souscripteur serait en faillite ou mort, on doit encore faire protester, autrement on perdrait son recours contre les endosseurs.

2e *Remarque.* Le protêt seul ne suffit pas pour nous conserver pendant un temps *indéfini* le droit d'exercer notre recours contre les endosseurs. Ce droit se prescrit, s'éteint, après un temps plus ou moins long, et dépendant de la distance qui nous sépare de la résidence de ceux qui sont nos garants.

Ce temps se limite à quinze jours pour une distance de cinquante kilomètres et au-dessous. Il augmente d'un jour par vingt-cinq kilomètres en sus. En cas de mauvais vouloir ou de lenteurs calculées de la part des endosseurs, il faut donc, s'ils ne nous remboursent pas, leur *notifier* le protêt; cet acte se fait par le ministère d'un huissier.

De la Lettre de change ou Traite.

On appelle *lettre de change* ou *traite* une lettre extrêmement courte et sous forme de billet, qu'un négociant adresse à quelqu'un qui lui doit et portant l'ordre de payer tel jour à celui qui la présentera la somme qui y est énoncée (1).

La lettre de change est pour le commerce d'une importance incalculable, en ce qu'elle dispense du transport des monnaies.

Pour rendre ceci sensible, supposons qu'étant négociants à Paris, nous ayons vendu à Brun, de Lyon, des marchandises pour 3 000 francs, payables à trois mois. Grâce à la lettre de change, nous n'aurons pas plus besoin d'aller à Lyon chercher notre argent, que Brun n'aura la peine de venir à Paris nous l'apporter; voici comment cela s'explique.

Paris et Lyon ayant nécessairement entre eux des rapports de commerce, il se trouve à Paris des négociants qui doivent à Lyon, et d'autres à qui il y est dû. Pour nous, habitants de Paris, à qui Brun doit 3 000 francs, nous vendons cette somme à Gallois, je suppose, qui nous compte nos 3 000 francs, nous voilà donc payés (2).

Mais Brun de Lyon, qui nous doit cette somme, ne peut deviner que nous l'avons vendue; nous l'en informons donc en le préve-

---

(1) Quelques auteurs, et entre autres Montesquieu, pensent que l'invention de la lettre de change date de 1181, et qu'elle est due à l'expulsion ordonnée par Philippe Auguste de tous les Juifs qui étaient alors en France.

Selon ces auteurs, les Juifs exilés auraient adressé du lieu de leur exil des lettres à leurs débiteurs, pour que ceux-ci eussent à acquitter leurs dettes entre les mains des porteurs de ces lettres. Peu après, l'usage s'en serait introduit dans le commerce, et bientôt généralisé.

(2) Quelquefois c'est un peu plus, et le plus souvent un peu moins que la somme de la traite, selon l'abondance ou la rareté des effets à vendre, et le besoin de les acheter.

nant qu'il aura à la payer contre une lettre de change échéant le 30 septembre prochain, et dont voici la formule :

Paris, le 1er juillet 1857. *B. P. F. 3000*

Le trente septembre prochain, payez à l'ordre de M. Gallois, la somme de trois mille francs, valeur reçue comptant, que vous passerez au débit de mon compte.

A M. Brun, nég^t à Lyon, *Renard,*
7, rue Mercière. *20, rue de la Paix* (1).

Gallois, qui nous a acheté cette lettre, l'endosse (précaution indispensable), et l'adresse à Lyon à celui à qui il doit. Elle sera présentée à Brun, pour qu'il y écrive le mot *accepté*, la date de cette acceptation et qu'il signe (2). Le possesseur de cette traite, s'il ne la cède point à une autre personne (car la lettre de change se cède comme le billet à ordre), n'aura plus qu'à se présenter le jour de l'échéance pour en recevoir le montant.

Nota. Pour *accepter* ou refuser une lettre de change, on a vingt-quatre heures à partir du moment où l'effet aura été présenté. Et dans le cas où il y aurait refus d'accepter, le porteur de la lettre de change doit faire constater ce refus par un acte d'huissier appelé *protêt faute d'acceptation*.

Les lettres de change sont payables à date *fixe* ou à date indéterminée.

Elles sont à date *fixe*, 1° lorsque, comme la précédente, qui est au 30 septembre, l'échéance en est ainsi précisée.

2° Elles sont encore à date *fixe*, quand elles commencent ainsi :

---

(1) *Explication.* 1° Dans le corps de cette lettre de change, on lit *valeur reçue comptant*, parce que Gallois nous l'a payée en espèces; on y eût mis *valeur en marchandises*, si nous l'eussions cédée en échange de *marchandises*, etc.; 2° ces mots, *que vous passerez*, signifient *que vous écrirez* à mon compte.

(2) Accepter une lettre de change, c'est reconnaître qu'on doit la somme qui y est énoncée, et s'engager à la payer à l'échéance.

On appelle *tireur* celui qui la *tire*, qui la fait; — *accepteur* ou *tiré* celui qui l'*accepte*, c'est-à-dire qui s'engage à la payer; — et *preneur* celui qui la *prend*, soit en paiement, soit en l'achetant : or, nous sommes les *tireurs*, Brun le *tiré* ou l'*accepteur*, et Gallois le *preneur*.

Remarque. — *Tirer sur quelqu'un*, *faire traite sur quelqu'un*, *faire une lettre de change*, *disposer*, *fournir sur quelqu'un*, sont cinq expressions commerciales qui toutes signifient la même chose.

à quinze jours de date, *à trente jours de date*, *à un mois*, *à deux mois de date*, *à deux*, *à trois usances*, payez par cette lettre de change, etc. (1), c'est-à-dire quinze jours, trente jours, un mois, deux mois après la date de cette lettre de change, payez, etc.

La lettre de change est dite à terme *indéterminé*, lorsque l'échéance en est ainsi exprimée : *à vue*, *à trois jours de vue*, *à dix*, *à vingt*, *à trente jours de vue*, payez, etc.

Quand la lettre de change porte simplement cette expression *à vue*, le porteur n'a aucune formalité à remplir, aucun retard à craindre, elle doit être acquittée dans le moment même où il la présente.

Et si elle commence par ces mots *à quinze jours de vue*, le porteur devra s'empresser de la faire *accepter*, car quelque retard qu'il apporte à cette formalité, l'accepteur ne devra payer cette traite que quinze jours après la date de son acceptation. Nous disons *quinze jours*, parce que la lettre de change dit *à quinze jours de vue*; ce serait trente jours après l'acceptation, si la lettre de change disait à trente jours de vue, etc., etc.

De plus, la loi n'accorde au porteur d'une traite *à tant de jours de vue* que six mois pour la faire accepter.

Passé ce délai, elle est bien encore un titre établissant la légitimité de la créance, mais elle perd son caractère d'effet à ordre, et tombe dans la catégorie des *promesses simples* ou *reconnaissances*, dont nous parlons plus loin, page 15.

Remarque. Lorsqu'on *prend*, c'est-à-dire, lorsqu'on achète une lettre de change encore *non acceptée*, et tirée du reste sur une maison très-solvable, on ne doit en donner la valeur qu'autant que le *tireur* (celui qui la fait, qui la vend), présente lui-même des garanties de moralité et de solvabilité. Qu'un fripon, par exemple, tire une lettre de change sur un négociant riche qui ne lui doit rien, et qu'il parvienne à la vendre, cette traite, bien entendu, ne sera pas payée : or celui qui l'aura achetée perdra son argent.

La lettre de change, de même que le billet à ordre, expose à la contrainte par corps non-seulement le souscripteur, mais encore tous les endosseurs. Mais pour offrir cette puissante garantie dont la loi l'entoure, il faut nécessairement 1° qu'elle soit tirée d'un lieu sur un autre lieu, comme de Paris sur Lyon ou

(1) L'*usance* est de trente jours; c'est une vieille expression qui tombe.

de Lyon sur Paris, etc.; 2° qu'elle énonce l'objet pour lequel elle a été créée; or il doit s'y trouver l'une de ces trois expressions : *valeur en marchandises, valeur en compte, valeur en espèces*, selon l'acte commercial qui y a donné lieu.

Elle peut être faite, soit à l'ordre du tireur lui-même, et alors il n'y intervient que deux personnes : le tireur et le tiré; soit à l'ordre d'un tiers, et, dans ce cas, il y intervient trois personnes : le *tireur*, le *tiré* et le *preneur*.

De la Lettre de change tirée par seconde et par troisième.

Assez fréquemment il arrive qu'un négociant à qui il est dû dans un pays éloigné ou dans une contrée d'outre-mer, tire pour une même somme deux ou trois lettres de change au lieu d'une. Ainsi, un négociant de Saint-Pétersbourg, à qui il sera dû 6 000 francs à Lyon, au lieu d'une seule lettre de change, en fera quelquefois trois de chacune 6 000 francs. Comme on le pense bien, ce n'est pas une raison pour que le débiteur paie ces trois traites, et conséquemment trois fois autant qu'il doit. Il lui suffit, pour être parfaitement libéré, d'en acquitter une seule. Mais c'est là une sage précaution commandée par la distance qui sépare ces deux villes. En effet, que le négociant russe ne tire qu'une seule lettre de change et l'adresse en paiement à un négociant de Paris; si elle s'égare ou se perd en route, il en peut résulter un grave inconvénient pour le négociant parisien, qui a pu compter sur cette somme pour faire face à ses engagements. Il lui faudra écrire à Saint-Pétersbourg et en attendre une nouvelle traite en échange de la traite perdue. Au lieu que si le négociant russe en adresse trois par trois courriers différents, il est présumable qu'il en parviendra au moins une à sa destination, et on aura ainsi évité les retards et les embarras qui viennent d'être signalés.

Alors la formule de la lettre de change varie, quant à quelques termes seulement, de la formule que nous avons donnée précédemment.

En voici la teneur quant à la *première :*

A tant de jours de vue, payez par cette première de change (1) *à l'ordre de X* (le reste comme au modèle, page 10.)

---

(1) Les négociants, en général, suppriment le mot *lettre*, et disent simplement *première de change*, *seconde de change*, *troisième de change*. Quelquefois même,

On met dans la seconde :

A tant de jours de vue, payez par cette seconde de change, la première ne l'étant pas, à l'ordre de X, etc.

Et dans la troisième :

A tant de jours de vue, payez par cette troisième de change, la première et la seconde ne l'étant pas, à l'ordre de X, etc.

Quelquefois il arrive que le tireur indique au bas de sa lettre de change certaines personnes auxquelles le porteur pourra s'adresser, si le tiré refuse de payer; c'est ce qu'on appelle *un besoin;* cela s'exprime par ces simples mots : *au besoin chez M. X.*

Nota. Tout ce qui a été dit du protêt, du *recours*, de la *prescription* au sujet du billet à ordre, pages 7 et 8, s'applique également à la lettre de change.

Du Billet à domicile.

Le *billet à domicile* n'est, quant à la forme, rien autre chose que le billet à ordre; seulement, il est payable à une autre adresse que celle du souscripteur :

Paris, le 1857. B. P. F. 1 500

Le trente avril, je paierai à l'ordre de M. Dufour la somme de quinze cents francs, valeur reçue en marchandises.

Payable au domicile de M. Duval, quai Conti, 5.

Grenard, rue Richelieu, 8.

Mais lorsque le billet à domicile est souscrit dans un lieu et payable dans un autre lieu, la loi le considère comme étant l'effet d'un acte de commerce pour *toutes personnes :* il expose

---

pour indiquer qu'ils n'en font qu'une, ils vont jusqu'à dire, payez par cette *seule de change.* C'est là un langage barbare qu'on évite en disant, payez par cette *seule lettre* de change.

Ces expressions, *la première ne l'étant pas*, signifient, *la première n'étant pas payée.* — Autre irrégularité de langage, mais moins choquante que la précédente, et consacrée par l'usage.

donc à la contrainte par corps aussi bien les non-commerçants que les commerçants eux-mêmes.

Nota. Tout ce qui a été dit du *protêt*, du *recours*, de la *prescription* au sujet du billet à ordre, s'applique également au *billet à domicile.*

Du Billet au porteur.

On appelle ainsi un effet souscrit avec l'obligation d'en payer la somme au porteur :

Paris, 15 juin 1857.

Bon pour trois cents francs que je paierai au porteur à la fin de ce mois.

Coulon,
4, rue Bleue.

Un billet au porteur présente cet inconvénient que si on le perd, toute personne peut en toucher le montant sans être obligée de l'acquitter : aussi l'usage en est-il restreint, et encore ne l'applique-t-on guère qu'à des sommes peu importantes.

De la Lettre de crédit.

La *lettre de crédit* n'est qu'une lettre ordinaire qu'un banquier ou un négociant remet le plus souvent à un voyageur, pour qu'à son arrivée dans tel pays, ce voyageur y ait une certaine somme à sa disposition.

Par exemple, je dois aller de Paris à Rome, et je présume avoir besoin de 10 000 francs dans cette dernière ville, pour éviter les risques auxquels j'exposerais cette somme en l'emportant avec moi, je la déposerai chez quelque banquier de Paris ayant un correspondant à Rome, auquel il donne, par une lettre qu'il me remet, l'autorisation de m'ouvrir un crédit de dix mille francs.

De la Reconnaissance.

On appelle *reconnaissance* un effet par lequel on *reconnaît* devoir à quelqu'un une certaine somme qu'on s'engage à lui rendre à sa volonté ou à une époque fixée.

La reconnaissance n'est pas transmissible par la voie de l'endossement, c'est-à-dire qu'on ne peut la céder à nulle autre personne : il n'y a donc que celui au profit de qui elle est faite qui puisse en recevoir le montant.

Elle n'expose pas le souscripteur à la contrainte par corps ; et dans le cas où il faut en forcer l'acquittement, elle entraîne à des formalités judiciaires très-lentes qui l'ont exclue du commerce.

Voici la formule de la reconnaissance :

Paris, le 5 mars 1857. *B. P. F. 1200*

Je reconnais devoir à M. Collin la somme de douze cents francs qu'il m'a prêtée, et que je m'engage à lui rendre le , avec l'intérêt légal, ou *sans intérêt, d'ici à la date du remboursement.*

Roland,
14, rue Blanche.

1re *Remarque.* Lorsqu'une reconnaissance n'est pas écrite de la main du souscripteur, il faut de toute nécessité que sa signature soit précédée de ces mots : *Bon pour francs....* (il écrit la somme en toutes lettres).

2e *Remarque.* Une reconnaissance ne se *prescrit* que par trente ans. Or à trente ans *moins un jour*, au plus tard, il faut qu'elle soit payée ou renouvelée, ou qu'on en demande le paiement par le ministère d'un huissier.

C'est une erreur très-commune ou plutôt généralement répandue même, qu'une feuille de papier timbré de trente-cinq centimes est suffisante pour une reconnaissance, quelle que soit d'ailleurs l'importance de la somme mentionnée dans cet effet. Il n'en est pas ainsi : la reconnaissance est assujettie aux mêmes formalités que les effets de commerce, c'est-à-dire, qu'elle doit être sur timbre proportionnel (Voyez ce qui suit.)

Prescription de la loi quant au papier des effets de commerce.

Tout effet, soit billet à ordre, soit traite, soit reconnaissance, doit être sur papier timbré. Le timbre apposé sur chaque feuille indique le maximum de la somme qui peut y être écrite. Ces feuilles ne peuvent servir pour un centime au-dessus, elles sont bonnes pour toute somme au-dessous. Toute infraction à ce sujet est punie d'une amende qu'on évite, il est vrai, quand le paiement ne donne lieu à aucune poursuite judiciaire. Mais s'il faut faire protester un effet souscrit sur timbre insuffisant ou sur papier mort, c'est-à-dire non timbré, il faudra avant tout que le porteur débourse une amende de *douze pour cent* de la somme de cet effet : la moitié de cette amende sera à la charge du souscripteur et l'autre moitié à la charge de celui au profit de qui l'effet a été souscrit. Si, au lieu d'un billet à ordre, c'est une lettre de change *acceptée*, l'amende frappe le tireur et le tiré ; et si la lettre de change n'est pas acceptée, l'amende atteint le tireur et le premier endosseur.

Du Rechange et du Compte de retour.

Il y a lieu au *rechange* et au compte de *retour* dans le cas suivant : Je suis négociant à Paris, et j'ai reçu de Lafont de Marseille un effet à ordre de 2 000 francs, payable dans ma ville. A son échéance, cet effet n'étant point payé, je me hâte de le faire protester. Puis, pour me rembourser, je tire sur Lafont une traite comprenant

1° le montant de son effet non payé...	2 000f	»
2° les frais de protêt, soit............	5	»
3° ports de lettres....................	»	60
4° intérêts pour les jours de retard.....	2	50
5° frais de négociation de cette nouvelle traite et timbre....................	8	»
Total de la nouvelle traite......	2 016f	10c

C'est là ce qu'on appelle le *rechange*, et l'on nomme *compte de retour* la note détaillée des frais comme celle ci-dessus. Cette note doit émaner d'un agent de change, ou, à défaut d'agent de change dans le lieu, de deux négociants. D'ordinaire ce sont les huissiers qui font établir le compte de retour.

De la Rallonge.

On appelle ainsi une bande de papier blanc qu'on colle au bout d'un effet à ordre, dont le dos, déjà couvert de signatures, ne laisse conséquemment plus de place pour de nouveaux endos.

Il est bon, pour se mettre en garde contre la fraude, de rappeler en tête de l'allonge qu'elle est adaptée à un effet de telle somme, payable à telle époque, et souscrit par telle personne. Autrement une main coupable pourrait détacher cette rallonge, la coller à un effet d'une somme considérable, dont on serait endosseur et garant.

Modèle de la Rallonge.

Rallonge à un effet de francs.... daté du.... payable le.... souscrit par M. B., à l'ordre de M. G., et déjà passé à tels et tels.

Quant à l'acquit de l'effet, il se met, non sur la rallonge, mais sur l'effet lui-même.

CHAPITRE SECOND.

DES DIVERS LIVRES OU REGISTRES QUI CONCOURENT A FORMER UNE COMPTABILITÉ COMPLÈTE.

Parmi les livres qu'exige la comptabilité commerciale, il y en a qui sont commandés par la loi : ce sont le *Journal*, le livre des *Inventaires* et la *Copie de lettres*; d'autres naissent de motifs d'ordre ou de propreté, et du besoin de classer chaque compte à part : tels sont le *Brouillard* et le *Grand-Livre*.

Considérés au point de vue de la comptabilité proprement dite, les livres principaux sont :

le BROUILLARD,
le JOURNAL,
et le GRAND-LIVRE.

Les autres n'ont qu'une utilité secondaire et s'appellent livres *auxiliaires.*

Le nombre des livres auxiliaires dépend du genre de commerce et de l'importance des affaires du négociant. Cependant il en est cinq dont on ne peut guère se passer : le *livre de Caisse*, le *Copie de lettres*, le *livre de Factures*, le *Carnet d'échéances* et le *livre d'Inventaires*.

On appelle *livre de Caisse*, un registre uniquement destiné à

2

indiquer le mouvement des fonds, c'est-à-dire l'entrée et la sortie de l'argent ou des billets de banque. On le tient en général à deux colonnes; dans l'une, on porte les fonds qui entrent dans la maison (c'est la colonne *doit*); dans l'autre, les fonds qui en sortent (c'est la colonne *avoir*).

Tous les soirs, on doit *balancer sa caisse*, c'est-à-dire faire le total des sommes sorties, et le soustraire du total des sommes entrées : la différence doit donner le chiffre exact de l'argent restant en caisse.

Le *Copie de lettres* est un registre sur lequel on copie, non les lettres qu'on reçoit, car la loi impose l'obligation de les conserver, mais celles que l'on écrit lorsqu'elles ont quelque importance, comme, par exemple, l'offre d'un prix au sujet d'une marchandise qu'on se propose d'acheter, et les conditions auxquelles on offre la sienne. Ces doubles sont indispensables, attendu que la mémoire n'étant pas toujours fidèle, et les affaires se succédant sans cesse, on pourrait ne plus se souvenir de ses propres engagements ni de ceux que nous exigeons des autres en échange des nôtres.

Le *livre de Factures* nous sert à prendre une copie détaillée des articles vendus à terme. Cela est indispensable, attendu que l'acheteur venant à égarer ou à perdre celle que nous lui avons primitivement remise, pourra nous en demander le double.

On appelle *Carnet d'échéances* un petit livre sur lequel on ouvre un compte à chaque mois de l'année, afin d'y enregistrer, dans une colonne, la somme de chaque billet à recevoir dans le cours de ce mois; et, dans une colonne à côté, les sommes qui nous sont dues à la même époque, et non réglées en billets.

Plus loin, et sur le même carnet, on ouvre de semblables comptes aux billets qu'on a souscrits soi-même, en y portant aussi les sommes non réglées par billets, que nous aurons à payer à époques déterminées.

Le *livre d'Inventaires* est destiné à recevoir le relevé et l'appréciation des marchandises en magasin, que tout négociant est tenu de faire une fois l'an. Il y ajoute la somme des espèces en caisse, celle des effets en portefeuille, et ce qui lui est dû par tels et tels, enfin tout ce qu'il a; puis, dressant un état de tout ce qu'il doit, il voit ainsi sa position.

Chacun des livres principaux (*Brouillard*, *Journal* et *Grand-Livre*) contenant toutes les opérations du négociant, ils ne sont, l'un, que la répétition de l'autre ; mais il y règne un ordre différent qui fait que chacun d'eux a son utilité propre (1).

1° DU BROUILLARD.

Le *Brouillard*, ainsi appelé, parce qu'il est tenu avec moins de soin que les autres livres, contiendra toutes nos affaires : nous y déposerons donc nos achats, nos ventes, les paiements qui nous auront été faits, ceux que nous aurons faits nous-mêmes, les affaires au comptant, en un mot, toute opération et même tout accident capables de porter atteinte à notre fortune ou de l'accroître, tels qu'une perte fortuite ou une succession.

Il n'existe, quant à la rédaction du Brouillard, aucune formule particulière, il suffit d'y porter chaque opération en termes simples et concis.

2° DU JOURNAL.

On appelle *Journal* le livre principal de toute comptabilité. Il tire son nom de l'obligation imposée par l'article 8 du Code de commerce, à tout marchand, de tenir *jour par jour* des notes détaillées de toutes ses opérations. Ces notes, qu'en terme de tenue des livres on appelle *articles*, doivent, d'après le Code de commerce encore, exister par ordre de dates, sans ratures, ni surcharges, ni lacunes, et donner le nom de celui qui vend ou qui achète, la quantité ou le poids, le prix des objets vendus ou achetés et le mode de paiement (2).

Cependant, pour les menus articles vendus au comptant, on n'est pas obligé de mentionner le nom de la personne avec laquelle on traite, attendu que le plus souvent même on l'ignore : celui qui achète et qui paie n'est tenu de dire ni d'où il vient ni qui il est.

La rédaction du Journal est dépendante du mode de comptabilité adopté par le marchand.

Il y a deux modes de comptabilité ou de tenue des livres, sa-

---

(1) Pour deux motifs, on doit conserver les vieux registres pendant dix ans, d'abord parce que la loi le prescrit, et qu'ensuite on a fréquemment besoin de s'y renseigner.

(1) Le livre *journal* doit être coté, paraphé et visé, soit par le président du tribunal de commerce, soit par le maire ou adjoint.

voir : la tenue des livres à *partie simple*, et la tenue des livres à *partie double*.

On appelle tenue des livres à *partie simple* un mode tel, que dans les articles du Journal il ne figure qu'*une* des deux parties contractantes, c'est-à-dire celui *qui doit* ou celui à qui ***il est dû***.

1er Ex. : Si je vends à Charles pour fr. 1200 de marchandises, payables à deux mois, j'écris ainsi cet article au Journal :

DOIT CHARLES fr. 1200 pour, etc.

2e Ex. : Si j'achète de Georges pour fr. 3000 de soierie, payables à trois mois, j'écris ainsi cet article au Journal :

AVOIR GEORGES fr. 3000 pour, etc.

3e Ex. Et si l'article est vendu ou acheté au comptant, en général, on l'écrit sur le Brouillard, mais on n'en parle point au Journal, parce qu'il n'y a ni débiteur ni créancier : c'est là une lacune extrêmement regrettable qui n'existe point dans la *partie double*, et qui donne à cette dernière une incontestable supériorité sur l'autre.

On appelle tenue des livres à *partie double* un mode tel, que les *deux parties* contractantes, c'est-à-dire le ***débiteur*** et le ***créancier***, figurent l'une et l'autre dans les écritures du Journal ; c'est pour cela qu'on l'appelle *à partie double*.

Il ne sera question ici que des principes de la tenue des livres à partie double.

Avant de les poser, faisons remarquer

1° Qu'il n'y a point de débiteur (1) sans créancier, et, réciproquement, pas de créancier sans débiteur ;

2° Que dans la partie simple, ces mots *débiteur* et *créancier* ne sauraient représenter que des *personnes ;*

3° Et que, dans la partie double, les débiteurs et les créanciers sont des *personnes* et des *choses*.

Nous disons des *choses*, et voici pourquoi : c'est que ce mode repose sur cette considération que le négociant ne figure jamais sous son nom propre dans ses livres, mais bien sous le nom des objets matériels, c'est-à-dire des éléments mêmes du commerce.

Or ces éléments étant

les *marchandises*,

---

(1) Le *débiteur*, c'est celui *qui doit ;* le *créancier*, celui à qui il *est dû*. Il faut aussi se familiariser avec les deux termes *débiter* et *créditer :* DÉBITER quelqu'un, c'est écrire qu'il doit ; *créditer* quelqu'un, c'est écrire qu'il lui est dû.

l'*argent*,

les *effets à recevoir* (ceux qu'on lui fait),

les *effets à payer* (ceux qu'il fait), le marchand, selon la nature de l'objet qu'il reçoit ou qu'il donne, sera représenté par les comptes de

Marchandises générales,

Caisse,

Effets à recevoir,

Effets à payer.

Puis, comme de toute combinaison commerciale, il résulte inévitablement du bénéfice ou de la perte, on a joint aux quatre comptes précédents un cinquième compte, qui est

Profits et pertes.

Ainsi, que le négociant donne ou reçoive des marchandises, il sera représenté par *Marchandises générales;*

Qu'il donne ou reçoive de l'argent, il sera représenté par *Caisse;*

Qu'il donne ou reçoive des effets payables par d'autres que par lui, il sera représenté par *Effets à recevoir;*

Qu'il donne ou reçoive ses propres billets (ceux qu'il souscrit en paiement de ses dettes), il sera représenté par *Effets à payer;*

Qu'il gagne ou perde fortuitement, qu'il obtienne de ses vendeurs ou qu'il accorde à ses acheteurs des rabais sur des sommes déjà inscrites sur ses livres, il sera représenté par *Profits et Pertes*.

Tel est le mécanisme, telle est la fiction qui sert de base aux principes de la comptabilité à partie double. Et, de même que dans la partie simple il suffit de placer régulièrement le mot *doit* avant les noms de ceux qui nous doivent, et *avoir* avant les noms de ceux à qui nous devons, de même, pour la partie double, l'essentiel est de savoir découvrir le débiteur et le créancier, c'est-à-dire le cas où le plus souvent il faut écrire au Journal :

DOIVENT *Marchandises générales*,
AVOIR *id.* *id.*
DOIT *Caisse*,
AVOIR *id.*
DOIVENT *Effets à recevoir*,
AVOIR *id.* *id.*
DOIVENT *Effets à payer*,
AVOIR *id.* *id.*

DOIVENT *Profits et pertes*,
AVOIR *id. id.*

Ces cinq comptes, qu'on appelle *comptes généraux*, représentant collectivement le négociant, il est évident que lorsqu'ils sont *débités*, c'est le négociant qui *doit*, et que quand ils sont *crédités*, c'est à lui qu'il *est dû*.

Or, quand j'écris sur mon Journal,

CAISSE *doit à Louis* fr. 1500, cela signifie : JE *dois à Louis* pour de l'argent.

Et si je dis,

PAUL *doit à Marchandises générales*, cela signifie : *Paul* ME doit pour de la marchandise.

Avant de passer outre, nous devons faire une remarque sur un fait matériel qui aide puissamment à l'intelligence et à l'application de ce mécanisme. Nous la recommandons tout particulièrement à l'attention des élèves; c'est dans la ligne où elle est consignée que se trouve la clef de la tenue des livres à partie double; voici cette remarque :

Celui qui reçoit, DOIT; *il* EST DU *à celui qui donne.*

Nous ne pouvons devoir, et il ne peut nous être dû qu'à l'une de ces deux conditions.

Il en est de même des comptes généraux, c'est-à-dire de *Marchandises générales*, *Caisse*, *Effets à recevoir*, *Effets à payer* et *Profits et pertes*, qu'il faut considérer comme des êtres animés qui *doivent* lorsqu'ils *reçoivent*, et à qui *il est dû* lorsqu'ils *donnent*, nous voulons dire, lorsqu'on y puise soit pour vendre, soit pour payer. C'est sur ces considérations que sont établies les deux règles suivantes, règles invariables, sans exception, immuables, quels que soient d'ailleurs les cas qui se présentent.

PREMIÈRE RÈGLE.

Tout compte général qui reçoit DOIT.

EX. : Recevons-nous, c'est-à-dire achetons-nous de la marchandise, — *Marchandises générales* DOIVENT; soit que, du reste (remarquez bien ceci), nous l'ayons payée ou non.

Recevons-nous de l'argent, — *Caisse* DOIT;

Nous donne-t-on des effets en paiement, — *Effets à recevoir* DOIVENT.

DEUXIÈME RÈGLE.

IL EST DU *à tout compte général qui* DONNE, c.-à-d. *dans lequel on puise pour vendre ou pour payer.*

Ex. : Vendons-nous du sucre, du vin, des étoffes, enfin quoi que ce soit, *il est dû* à *Marchandises Générales.*

Payons-nous en espèces pour un motif quelconque, IL EST DU à *Caisse.* — Je prends dans mon portefeuille des effets que je donne en paiement, IL EST DU aux *Effets à recevoir.* — Je paie une dette en remettant un billet souscrit par moi, IL EST DU aux *Effets à payer.* Telles sont les deux uniques règles de la tenue des livres à partie double, il n'y a rien au delà : l'application de principes d'une telle simplicité ne peut donc présenter des difficultés réelles ; aussi suffit-il de quelques exercices pour s'approprier les bases sur lesquelles repose ce mode.

Il n'en est pas de même de l'ordre à suivre quant à l'exposition des articles, ni de la régularité et du corps de l'écriture : il faut régler sa main, disposer et placer convenablement ses chiffres, établir une certaine symétrie, en un mot, donner à l'ensemble une physionomie qui respire la propreté et fasse supposer l'exactitude.

C'est dans ce but que nous avons fait graver par une main habile le Brouillard, le Journal et le Grand-Livre ; ils serviront d'exemples à imiter, et traceront l'ordre à suivre : il importe donc que chaque élève les ait pour modèles sous les yeux et s'en rapproche le plus possible.

EXERCICES

SUR L'APPLICATION DES PRINCIPES QUI VIENNENT D'ÊTRE POSÉS.

1er Ex. : *Charles me vend pour fr.* 3000 *de sucre, payables à* 3 *mois.*

Quel est le compte général qui *reçoit* l'objet qui entre chez moi ? — Celui des *marchandises* : or *march. génér.* DOIVENT. — A qui ? A *Charles*, puisque je ne le paie pas ; j'écris donc au Journal :

M^ises^ G^ales^ à Charles Fr. 3000 (1).

2e Ex. : *Pierre me vend des marchandises pour fr.* 2500, *et je le paie en espèces.*

C'est encore le compte de *marchandises* qui *reçoit* ; or *March. générales* DOIVENT. — A qui? Ce n'est pas à Pierre, puisque je l'ai payé, mais à *Caisse* où j'ai puisé pour ce paiement ; j'écris donc au Journal :

M^ises^. G^ales^. doivent à Caisse Fr. 2500 (2).

3e Ex. : *J'achète d'Étienne de la marchandise pour fr.* 2000, *que je lui paie en mon propre billet à son ordre.*

Le compte des *marchandises* REÇOIT : or il *doit.* — A qui ? Ce n'est pas à Étienne, puisqu'il est payé, mais au compte des *Effets à payer* qui a fourni le paiement (3); j'écris donc au Journal :

M^ises^ G^ales^ doivent à Effets à P^er^.

4e Ex. : *J'achète de Milot de la marchandise pour fr.* 1500, *que je lui paie en un billet souscrit par Gros, et que j'avais en portefeuille.*

J'achète de la *marchandise* : or les *marchandises* DOIVENT. — A qui? Ce n'est pas à Milot, puisqu'il est payé, mais aux *Effets à recevoir*, auxquels j'ai pris pour faire ce paiement ; j'écris donc au Journal :

M^ises^ G^ales^ doivent à Effets à R^oir^.

5e Ex. : *Je vends à Charles de la marchandise pour fr.* 1800, *payables à* 3 *mois.*

Charles *reçoit* de moi et il ne me paie pas : or il DOIT. — A qui? Aux *Marchandises* où j'ai pris pour lui donner ; or j'écris au Journal :

Charles doit à M^ises^ G^ales^ Fr. 1800.

6e Ex. : *Je vends à Cusin de la marchandise pour fr.* 800, *et en paiement il me fait un billet de même somme payable à* 3 *mois.*

Je vends à Cusin et il me paie : or il ne doit rien. Ce paiement est fait en un *effet à recevoir* : or *effet à recevoir* qui entre doit à marchandise qui sort ; j'écris donc au Journal :

---

(1) L'essentiel étant de trouver le débiteur et le créancier, c'est à cela que nous nous bornerons dans le cours de ces exercices. Le reste de chaque article consiste à exprimer le nom et la quantité de la chose vendue, son prix et le mode de paiement.

(2) Les articles au comptant comme celui-ci ne peuvent concerner que les comptes généraux, le vendeur étant payé.

(3) En comptabilité, on considère que la remise d'un billet ou d'une traite produit le même effet que l'argent. Nous disons donc ici qu'Étienne est payé, quoiqu'il n'ait reçu de nous qu'un billet. En cela, on a raison, car nous avons remis à notre vendeur un engagement, une valeur de fr. 2000, dont il peut se servir lui-même pour faire un paiement de pareille somme.

***Effets à R^{oir} doivent à M^{ises} G^{ales} Fr.* 800.**

7e Ex. : *Je vends à Antoine de la marchandise pour fr.* 500 *qu'il me paie en espèces.*

Je vends à Antoine et il me paie : or il ne doit rien. Il paie en argent : c'est donc la *caisse* qui doit. — A qui ? Aux *marchandises* qui sortent ; j'écris donc au journal :

***Caisse doit à M^{ises} G^{ales} Fr.* 500.**

Remarque. Dans la pratique, on supprime au Journal le mot *doit* entre le débiteur et le créancier. Ainsi, au lieu d'écrire *Charles* DOIT *à March. Gén.*, — Caisse *doit* à *Pierre*, on écrit simplement :

Charles à M^{ises} G^{ales}. — Caisse à Pierre.

C'est ce que nous ferons désormais.

8e Ex. *Paul me devait fr.* 3000 *qu'il me paie en espèces.*

Ma caisse reçoit : or *caisse* DOIT. — A qui? A *Paul*, puisque c'est lui qui donne, et qu'il ne reçoit rien en échange ; j'écris donc au Journal :

***Caisse à Paul Fr.* 3000 (1).**

9e Ex. *Georges m'a remis à valoir sur ce qu'il me doit son billet à mon ordre de fr.* 1300.

Il entre chez moi un *effet à recevoir* : donc les *Effets à recevoir* DOIVENT. — A qui ? A *Georges*, puisque je ne lui donne rien en échange ; j'écris donc au Journal :

***Effets à R^{oir} à Georges Fr.* 1300.**

10e Ex. *J'adresse à valoir à Henrion mon billet à son ordre de fr.* 1700, *payable à* 30 *jours.*

Henrion reçoit de moi, et il ne me donne rien en échange : or il *doit.* — A qui ? Aux *Effets à payer*, puisque je lui donne un effet souscrit par moi ; j'écris donc au Journal :

***Henrion à Effets à P^{er} Fr.* 1700.**

11e Ex. *Je paie en espèces à Chapuy fr.* 400 *que je lui devais.*

---

(1) Immanquablement cet article donnera lieu à des observations de la part des élèves. Par exemple, ils pourront dire : Paul nous devait fr. 3000, aujourd'hui il nous les paie, pourquoi donc écrire *Caisse doit à Paul* fr. 3000?

Voici la réponse à cette éternelle objection :

Quoiqu'il soit dit ici, *Caisse doit à Paul* fr. 3000, il faut comprendre que ces 3000 fr. lui sont dus, *sauf règlement de compte.* Or, consultant nos registres, nous trouvons que Paul nous doit depuis quelque temps, fr. 3000

Pour son paiement d'aujourd'hui, nous lui devons 3000

Conséquemment nous sommes quittes.

Chapuy reçoit de moi et il ne me donne rien en échange : or il *doit.* — A qui? A la *Caisse* où j'ai puisé pour lui donner; j'écris donc au Journal :

Chapuy à Caisse Fr. 400.

12e Ex. *Laurent, qui me devait fr.* 3000, *me les paie ainsi :*
en espèces 1000
en s/b. à m/o 2000

Je reçois de Laurent, à qui je ne rends rien, 1° de l'argent, 2° des effets à recevoir : or la *Caisse* et les *Effets à recevoir* DOIVENT *à Laurent;* et je l'expose ainsi sur mon Journal :

Divers à Laurent Fr. 3000 (1)
Caisse Fr. 1000
Effets à R^{oir}....... 2000.

13e Ex. *J'adresse à Lucien :*
1° *un effet de portefeuille souscrit par Bérard* (2) *de fr.* 650.
2° *mon billet à son ordre* (3) *fin du courant* 1500.

Lucien reçoit de moi, et il ne me donne rien en échange : or il *doit.* — A qui?
aux *Effets à recevoir* pour l'effet Bérard, fr. 650,
aux *Effets à payer* pour m/b à s/o...... 1500;
j'écris donc au Journal :

Lucien à Divers Fr. 2150
à Effets à R^{oir} *Fr.*.. 650
à Effets à P^{er}..... 1500.

14e Ex. *Je paie à Charles fr.* 4000, *savoir :*
en un billet de portefeuille, fr. 1300
en m/b. à s/o. à 30 *jours* 1700
en espèces 1000

Charles reçoit de moi, et il ne me rend rien : or il *doit.* — A qui? Aux comptes où j'ai puisé pour lui donner, c'est-à-dire,
aux Effets à recevoir,
aux Effets à payer,
à la Caisse;
j'écris donc au Journal :

Charles à Divers Fr. 4000

(1) Ce mot *Divers* est mis pour *divers comptes.*

(2) On appelle *effets de portefeuille* ceux qui sont souscrits par d'autres que par nous; conséquemment tous les *effets à recevoir* sont des effets de portefeuille.

(3) Au lieu de dire *mon propre billet* ou un *billet souscrit par moi*, comme nous l'avons fait jusqu'ici pour frapper davantage l'esprit des enfants, les négociants, pour désigner leurs propres billets, disent simplement MON *billet.*

à Effets à R^{oir}. 1300
à Effets à P^{er}. 1700
à Caisse. . . . . 1000.

15e Ex. *Pierre m'adresse fr.* 2700, *savoir :*
en un b/souscrit par Gilbert................. *fr.* 1500
en un b/souscrit par lui...................... 1200
Je reçois de Pierre deux *effets à recevoir*, et je ne lui rends rien : or,

Effets à R^{oir} doivent à Pierre.

16e Ex. *J'achète de Mathieu des marchandises pour fr.* 3500. *A valoir, je lui compte en espèces fr.* 2000.

J'achète de Mathieu : or les *marchandises* DOIVENT. — A qui? à *Mathieu*, fr. 1500 restant dus ;
à *Caisse*, fr. 2000 payés en espèces ;
j'écris donc au Journal :

M^{ises} G^{ales} à Divers Fr. 3500
à Mathieu 1500
à Caisse . . . . 2000.

17e Ex. *J'achète des suivants, payable à* 3 *mois :*
de David pour............................. *fr.* 1100
de Moreau pour............................ 1400
J'achète : or les *Marchandises* DOIVENT.
Je ne paie pas : or il est dû à mes vendeurs ; j'écris donc au Journal :

M^{ises} G^{ales} à Divers Fr. 2500
à David 1100
à Moreau . . . . 1400.

18e Ex. *J'achète des suivants :*
1° *de Simon pour fr.* 500, *que je lui paie en espèces ;*
2° *de Ternaux p^{r} fr.* 900, *payables à* 3 *mois.*

J'achète en tout pour fr. 1400 : or les *Marchandises* DOIVENT fr. 1400. — A qui?
A la *Caisse*, pour ce qu'elle a payé,
à Ternaux, pour ce qui lui est dû ;
j'écris donc au Journal :

M^{ises} G^{ales} à Divers Fr. 1400
à Caisse Fr. 500
à Ternaux Fr. . . . . 900.

19e Ex. *J'achète des suivants :*
de Collin pour fr. 1500, *que je lui paie en m/b. à s/o. à* 2 *mois;*
de Richond pour fr. 800, *que je lui paie en un billet de portefeuille.*

J'achète : or les *Marchandises* DOIVENT. — A qui? Ce n'est ni à Collin ni à Richond, puisqu'ils ont reçu des valeurs en paiement. Il est dû
1° aux *Effets à payer* pour m/b fr. 1500,
2° et aux *Effets à recevoir*...... 800.
j'écris donc au Journal :

Mises Gales à Divers Fr. 2300
à Effets à Per..... 1500
à Effets à Roir..... 800.

20e Ex. *J'achète de Léonard* 12 *tonneaux de vin à fr.* 200 *le tonneau, payables à* 2 *mois*.......................... *ci fr.* 2400
Escompte convenu entre nous 5 0/0 (1).............. 120

Ci net.... 2280

J'achète : or les *marchandises* DOIVENT. — A qui? A *Léonard*, qui m'a vendu et à qui je n'ai rien remis en échange; j'écris donc au Journal :

Mises Gales à Léonard Fr. 2280.

21e Ex. *Charles me doit fr.* 1800 *pour de la marchandise que je lui ai expédiée il y a quelques jours, et dont conséquemment les écritures sont faites. Il m'écrit que cette marchandise lui est arrivée en mauvais état et qu'il ne peut en prendre livraison que moyennant un rabais de* 5 0/0. *Pour éviter toute contestation, je consens à ce rabais*,................................. *ci* 90 *fr.*

Je perds fr. 90 sur ce qui m'est dû : or *Profits et pertes* DOIVENT. — A qui? A *Charles* que j'en crédite en déduction de ce qu'il me doit; j'écris donc au Journal :

Profits et Ptes à Charles Fr. 90.

22e Ex. *Je vends à Simon pour fr.* 2700 *qu'il me paie ainsi :*
en s/billet.................................. 800
en un effet sur Robin........................ 1200
en espèces.................................. 700

---

(1) Toutes les fois qu'on nous fait ou que nous faisons un *escompte*, c'est-à-dire une réduction de tant pour cent sur des articles qui, comme celui-ci, ne sont pas encore inscrits au Journal, il faut déduire cet escompte et ne porter que le montant *net*, sans faire intervenir le compte de *Profits et Pertes;* faire autrement, c'est suivre le chemin des écoliers sans le plus petit avantage.

Si, au contraire, on nous fait ou si nous faisons un escompte, un rabais sur des articles *déjà inscrits au journal*, il faut *nécessairement* faire intervenir le compte de *Profits et Pertes*.

Je vends : or il est dû aux *Marchandises.* — Par qui? Non par Simon, puisqu'il a payé, mais par les comptes qui ont reçu les valeurs qu'il m'a données, c'est-à-dire par les *Effets à recevoir* et par la *Caisse;* j'écris donc au Journal :

Divers à M^{ises} G^{ales} Fr. 2700
Effets à R^{oir} Fr. 2000
Caisse . . . . 700.

23e Ex. *Je vends à Auguste pour* . . . . *fr.* 1900
sous escompte de 3 0/0, *ci cet escompte* 57

Net . . . . . . *fr.* 1843

A valoir il me remet un de mes propres billets qu'il avait entre les mains, ... *ci* 500

Je vends : or il est dû aux *Marchandises.* — Par qui?
Par les *Effets à payer* qui entrent, fr. 500
et par *Auguste*, qui redoit 1343;
j'écris donc au Journal :

Divers à M^{ises} G^{ales} Fr. 1843
Effets à P^{er} Fr. 500
Auguste . . . . 1343.

24e Ex. *Je vends aux suivants, et payables à* 3 *mois,*
à Étienne pour fr 1300
à Gérard pour 800
à Gallois pour 700
à Laurent, au comptant pour 600 3400

Je vends : or il est dû aux *Marchandises.* — Par qui? Par *Étienne*, *Gérard* et *Gallois*, qui n'ont pas payé, puis par la *Caisse* pour la vente au comptant; j'écris donc au Journal :

Divers à M^{ises} G^{ales} Fr. 3400
Étienne Fr. 1300
Gérard » 800
Gallois » 700
Caisse » . . . . 600 3400.

25e Ex. *Ternaux, à qui je dois fr.* 900, *payables à* 3 *mois, m'a proposé un escompte de* 2 0/0, *si je voulais le payer comptant, et j'ai accepté. Je lui ai donc remis en espèces* . . . . *fr.* 882
Escompte que j'ai retenu 18

Je donne à Ternaux et ne reçois rien de lui : or *Ternaux* DOIT. — A qui?

A la *Caisse*.......... fr. 882
et aux *Profits et pertes* (1) 18;
j'écris donc au Journal :

Ternaux à Divers Fr. 900
à Caisse.......... 882
à Profits et Pertes... 18.

26ᵉ Ex. *Dupré, qui me doit fr.* 1200, *payables à* 4 *mois, me propose de me payer comptant sous escompte de* 2 ½ 0/0 *et j'accepte.* Il me compte donc en espèces.................... fr. 1170.

Je reçois de l'argent, et je ne donne rien en échange : or la *Caisse* DOIT. Je perds 30 fr. : or les *Profits et Pertes* DOIVENT. — A qui? A *Dupré*, que j'en crédite comme s'il les avait donnés; j'écris donc au Journal :

Divers à Dupré Fr. 1200
Caisse.......... 1170
Profits et Pertes... 30.

27ᵉ Ex. *Je dispose ainsi sur les suivants* (2) :
sur Gérard au 15 *octobre pour*.............. *fr.* 600
sur Charles au 31 *id.* « 800
sur Étienne au 30 *novembre*.................. 1500

Quand je dispose sur *Gérard, Charles* et *Étienne*, c'est comme si je recevais des billets souscrits par eux : or les *Effets à recevoir* DOIVENT. — A qui? A eux trois, puisque je ne leur donne rien en échange; j'écris donc au Journal :

Effets à Rᵒⁱʳ à Divers Fr. 2900
à Gérard Fr.......... 600
à Charles »........ 800
à Étienne »........ 1500.

28ᵉ Ex. *Péraud m'avise qu'il dispose sur moi pour fr.* 1800 *que je lui dois.*

Péraud disposant sur moi, c'est comme si je lui avais souscrit de ma main un effet à son ordre : or *Péraud* DOIT, puisqu'il ne me rend rien. — A qui doit-il? Aux *Effets à payer;* j'écris donc au Journal :

Péraud à Effets à Pᵉʳ Fr. 1800.

---

(1) Voyez la note de la page 28.

(2) *Disposer* ou *tirer* sur quelqu'un, c'est créer une lettre de change qu'il devra payer à notre ordre : c'est donc un *effet à recevoir*. — Lorsque, au contraire, quelqu'un *dispose* ou *tire* sur nous, il nous impose l'obligation de payer : c'est donc un *effet à payer*.

29e Ex. *Je négocie à mon banquier* (1), *les effets ci-dessous que j'avais en portefeuille :*

b/ Grenard .... *fr.*	350	
b/ Coulon..............................	740	
b/ Andrieux............................	610	1700
Il me retient pour intérêts, commission et change de place (2)............... *fr.*		25
Reçu net en espèces.................. *fr.*		1675

Je remets à mon banquier des *effets à recevoir*, et il me rend l'équivalent en espèces : or la *caisse* DOIT. — A qui ? Aux *Effets à recevoir*, pour les effets que j'ai donnés en échange ; j'écris donc au Journal :

***Caisse à Effets à Roir Fr.* 1675** (3).

30e Ex. : *J'escompte à Delille* (c.-à-d. j'achète à Delille) *les effets ci-dessous :*

un effet sur Marseille............... fr.	1500	
un id. *sur Bordeaux*.................	1800	
un id. *sur Lyon*.....................	1400	4700
Intérêts, commission et change de place que je retiens, ci en tout, 2 °/o		94
Je compte donc net en espèces..........		4606

Il entre chez moi des effets dont la valeur nominale est de fr. 4700 ; mais ils y entrent pour fr. 4606 : or les *Effets à recevoir* doivent fr. 4606. — A qui ? A la *caisse*, qui a fourni cette somme ; j'écris donc au Journal :

***Effets à Roir à Caisse Fr.* 4606.**

---

(1) Familiarisez-vous avec les deux termes *négocier* et *escompter*. *Négocier* un effet, c'est le *vendre* pour de l'argent. — *Escompter* un effet, c'est l'*acheter* pour de l'argent.

(2) *L'intérêt* est en raison de l'éloignement de l'échéance. — La *commission* se paie au banquier pour les écritures qu'il est obligé de faire, et la peine d'encaisser les fonds, c'est-à-dire de les recevoir. — Le *change de place* est une dépréciation plus ou moins sensible, qui atteint les effets payables dans un autre lieu que celui où l'on réside, et dépendante de la facilité ou de la difficulté de les vendre ou de les faire encaisser.

(3) La somme des effets escomptés est de fr..........................	1700
Et la somme reçue du banquier..................................	1675
Perte pour moi fr...........................	25

dont il est beaucoup mieux de ne pas faire un article de *Profits et Pertes*. Cela n'a pas plus d'inconvénients pour le compte des *Effets* que pour le compte des *Marchandises*. Effectivement, remarquez que, bien qu'à chaque vente de marchandises, il y ait en général bénéfice ou perte, on ne s'occupe pas d'en chercher le chiffre pour le transporter par un article au compte de *Profits et Pertes*, ce qui serait très-difficile, sinon impossible dans la pratique. Il est infiniment plus simple d'agir de même pour les *Effets à recevoir*. A la fin de l'année, on atteint aisément

31e Ex. : *Parmi les* 10 *pièces de vin que Durand m'a vendues, il s'en trouve une ayant un goût qui la déprécie. Après l'avoir fait constater* régulièrement (1), *j'obtiens de Durand un rabais de fr.* 100 *sur cette pièce, et je la garde.*

Remarquons d'abord que Durand nous ayant vendu du vin, il y a quelque temps, en a été *crédité*. Aujourd'hui qu'il consent à un rabais de fr. 100, Durand doit cette somme. A qui ? Aux *Marchandises* qui ont été débitées de 100 fr. de trop; j'écris donc au Journal :

Durand à M^{ises} G^{ales} *Fr.* 100 (2).

32e Ex. : *J'ai fait complaisamment à Rousseau, qui avait besoin d'argent, un billet à s/o, payable le* 30 *juin, de fr.* 3200 ; *et il m'en a fait un autre à m/o, de la même somme, payable à la même époque* (3).

Il entre chez moi un *effet à recevoir*, il en sort un *effet à payer;* or j'écris au Journal :

Effets à R^{oir} *à Effets à* P^{er} *Fr.* 3200.

Nota. Ce n'est qu'après que les élèves auront vu, *revu*, et *bien compris* les exercices précédents, qu'on devra les faire passer à la *pratique*, c'est-à-dire leur apprendre à former de leur main le *Brouillard*, le *Journal* et le *Grand-Livre.*

A cet effet, ils traceront, partie à l'encre et partie au crayon, ces trois registres sur papier blanc, en se conformant à la réglure des mêmes livres gravés que nous leur donnons ici pour modèles.

---

et d'un seul coup les bénéfices ou les pertes de ces deux comptes généraux, et voici comment. Dans le mode de tenue des livres à partie double, tout se classe naturellement de telle sorte, que les sommes des billets entrés chez nous sont à part dans une colonne; et, dans une autre colonne, les sommes produites par ces billets à leur sortie : or, la différence, qui, à la fin de l'année, existera entre le total général de l'une de ces deux colonnes et le total général de l'autre, indiquera ce que l'on a gagné ou perdu sur ce compte; et alors on le porte en un seul article au compte de *Profits et Pertes :* on évite ainsi une foule d'écritures inutiles.

(1) Lorsque de la marchandise nous arrive en mauvais état, avariée, gâtée, ou qu'il s'en est perdu en route, nous devons, pour être fondés à réclamer, faire constater *régulièrement* cet état. Pour cela, il faut adresser au président du tribunal de première instance une demande le priant de vouloir bien nommer deux experts à l'effet de constater telle ou telle avarie. A défaut d'un tel magistrat dans la localité, on s'adresse au juge de paix, et à défaut de juge de paix, au maire ou à l'adjoint.

(2) On eût pu dire tout aussi bien : *Durand à Profits et Pertes* fr. 100; cela revient au même.

(3) Les billets de complaisance sont défendus par le Code de commerce, car un effet à ordre doit être la conséquence d'une opération commerciale. S'il en est question ici, c'est uniquement pour avoir à en blâmer l'usage et à en signaler le danger. En effet, outre qu'il ne faut jamais transgresser la loi, on compromet encore ses intérêts : si vous faites un billet de complaisance, il faudra le payer, alors même que la personne que vous avez ainsi obligée serait dans l'impossibilité de payer le sien.

Et comme, d'une part, il est difficile aux enfants de faire cette réglure, et que, de l'autre, ce serait un hasard d'en trouver une identique dans toute localité, nous avons fait préparer, c'est-à-dire régler et couvrir, un grand nombre de ces registres ou cahiers formés d'un papier fort, qui permet de faire disparaître par le grattoir les petites erreurs inévitables que commettent les élèves (1).

Pour que ces registres puissent être proprement tenus, nous engageons les maîtres à obliger leurs élèves à se munir de feuilles d'exercices volantes, où ces derniers *passeront*, nous voulons dire *rédigeront* provisoirement les articles du Brouillard d'après la formule indiquée, c'est-à-dire qu'ils énonceront sur ces feuilles, en mettant chaque chose à sa place, le *debiteur*, le *créancier*, la somme et les détails de l'acte commercial qui s'est accompli.

Et le maître s'étant assuré de la régularité de ce travail préparatoire, les élèves le transcriront au net sur leur Journal, en imitant le plus possible le Journal gravé que chacun d'eux aura sous les yeux.

Quant à la leçon, voici, selon nous, une manière fructueuse de la donner :

Chaque élève a son Brouillard sous les yeux, et l'un d'eux lit tout haut le premier article, le médite un instant et le rédige ainsi à haute voix :

« CAISSE A CAPITAL, fr. 50,000.

« *Pour pareille somme représentant mon avoir.* »

Un autre élève fait de même pour la question qui suit, et la leçon se continue ainsi oralement jusqu'à dix ou douze articles qu'on reprend après les avoir parcourus, et sur lesquels on fera bien de revenir encore au commencement de la leçon suivante ; voilà pour la leçon orale (2).

Leçon pratique, c'est-à-dire écrite.

Immédiatement après la leçon orale, et afin de passer à la leçon *pratique*, les élèves commenceront par reproduire sur leurs feuilles d'exercice les articles tels qu'ils les ont rédigés verbalement. Il importe donc, nous voulons le répéter encore, que la réglure de ces feuilles soit conforme à celle du Journal : cette disposition prépare les élèves à l'ordre à suivre sur le livre de mise au net.

Une fois les trois ou quatre premières pages du Journal remplies, on fera bien de s'occuper de les transcrire au Grand-livre ; on procédera de même après trois ou quatre autres pages du Journal, et ainsi de suite (3).

---

(1) Prix de chaque registre séparé : 40 centimes ; et, pour les trois : 1 franc.

(2) Dans le cas où quelques articles du Journal sembleraient embarrassants, voy. page 43 et suivantes, des explications sur ceux d'entre eux qui nous ont paru en avoir besoin.

(3) A la fin de chaque page du Journal, et même du Brouillard, on fait l'addition des sommes de la colonne principale ; et, d'ordinaire, on reporte ce total au haut de la page suivante, pour l'ajouter aux sommes de cette seconde colonne, et ainsi de suite jusqu'à la fin de l'année. Il y a un grand inconvénient à procéder ainsi. Que, par exemple, on commette une erreur de chiffre, cette erreur se répète en haut et en bas de chaque page, et se reproduit dans toute l'étendue du registre : de là une foule de ratures et de surcharges. Assez souvent même il arrive qu'après

D'un coup d'œil sur le Grand-livre, on voit où se placent l'année, le mois, la date. Puis on remarquera : 1° que, quelle que soit l'étendue de l'article du Journal, cet article n'occupe au Grand-livre qu'une seule ligne énonçant sommairement l'objet principal ;

2° Que, pour faciliter les recherches, on indique dans la petite colonne placée à la fin de cette ligne le folio du Journal où est inscrit cet article ;

3° Et que la somme se dépose, suivant le cas, dans l'une des deux grannes colonnes intitulées *doit*, *avoir*.

C'est ici le lieu de dire que les nombres qu'on voit dans le Journal, placés au commencement de chaque article, indiquent le folio du Grand-livre où cet article du Journal est inscrit : or, on note au Journal le folio du Grand-livre, comme au Grand-livre on note le folio du Journal.

Ici s'arrêtent les instructions nécessaires à la formation du Brouillard, du Journal et du Grand-livre. Ce qui va suivre ne doit s'étudier, ne trouvera sa place *qu'après l'entier achèvement de ces trois registres*, et ne s'appliquera qu'au règlement de compte général que la loi oblige les négociants à faire au moins une fois l'an, et qu'en effet ils font ordinairement le 31 décembre. Ce règlement s'appelle *balance*.

DE LA BALANCE (1).

La *Balance*, ou règlement de compte général, est une prescription de la loi. Les négociants sont obligés de *balancer*, de régler tous leurs comptes au moins une fois l'an. Considérée au point de vue de son importance morale, la balance est une prévoyance sage de la part du législateur. Un négociant qui ne se rendrait pas compte pourrait s'abuser sur sa situation, embrasser des affaires hors de proportion avec ses moyens, et s'endormir dans une sécurité fatale à lui-même et compromettante pour les intérêts de ceux avec lesquels il est en relation de commerce. En lui

---

avoir rectifié, on découvre quelque autre erreur qui oblige de faire de nouvelles surcharges sur des chiffres déjà surchargés.

Pour éviter cet inconvénient, nous proposons une méthode beaucoup plus simple, beaucoup plus sûre, et qui consiste : 1° à faire le total de chaque page, mais sans le reporter sur la page suivante ; 2° et à reproduire, soit au commencement, soit à la fin du registre, sur un feuillet à ce destiné, le folio et la somme de chaque page. Ce feuillet, sur lequel on pratiquera quatre ou cinq colonnes, peut suffire pour un registre de quatre à cinq cents pages. S'il s'y échappe quelque erreur, cette erreur ne se reproduit ni sur les sommes qui la précèdent ni sur celles qui la suivent : il sera donc facile de la faire disparaître. Si nous ne suivons pas cette marche dans ce cours, c'est parce qu'il ne se compose que d'un petit nombre de pages.

(1) Avant de passer à ce qu'il nous reste à dire, il faut, nous le répétons, que le Brouillard, le Journal et le Grand-Livre soient entièrement terminés, autrement la Balance serait inintelligible ; elle ne peut même se faire qu'à l'aide du Grand-Livre.

apprenant les limites de ses bénéfices ou en lui dévoilant l'étendue de ses pertes, la balance modifie nécessairement la marche du négociant, soit en stimulant son activité et sa prudence s'il ne réussit pas, soit en lui donnant la hardiesse d'étendre ses rapports s'il prospère : car à moins d'être insensé, il sera, si les résultats sont faibles ou nuls, plus mesuré dans ses dépenses propres et plus circonspect en tout.

Envisagée sous le rapport des écritures, la balance est la partie la plus abstraite de la comptabilité : aussi demande-t-elle de notre part quelques développements, et de la part des élèves, un redoublement d'attention.

Toute balance exige un travail préparatoire, qui consiste à vérifier les écritures, c'est-à-dire, à s'assurer d'un bout à l'autre si les articles du Brouillard ont été régulièrement passés au Journal et régulièrement transcrits au Grand-Livre.

Pour bien faire cette vérification, il faut être deux : l'un prend le Brouillard et rédige verbalement chaque article, en se contentant de citer le débiteur, le créancier et la somme. L'autre, qui tient le Journal, s'assure si les écritures s'y trouvent conformes à la rédaction verbale qu'il entend, et applique un *point* au crayon à côté de chaque somme reconnue exacte ; c'est ce qu'on appelle *pointer*.

Cette vérification du Brouillard au Journal étant terminée, il faut la faire également du Journal au Grand-Livre. Celui qui tient le Journal (dont le premier article est *Caisse à Capital* fr. 50 000) appelle ainsi en ne citant qu'un seul compte à la fois : « folio 2, *Caisse* doit fr. 50 000. » — Celui qui tient le Grand-Livre se hâte de son côté de chercher le compte de *Caisse* au folio 2, s'assure que la somme est exactement portée à la colonne *doit*, et la *pointe*.

Puis le premier continue à appeler ainsi : « folio 5, *Avoir Capital* fr. 50 000. » — L'autre cherche au Grand-Livre le folio 5, y trouve le compte de Capital, reconnaît que la somme est bien portée à l'*avoir* de ce compte, et la *pointe*.

Tout le reste se vérifie de même ; et si l'on vient à découvrir des erreurs de chiffres ou de transpositions de sommes d'une colonne dans l'autre, on rectifie.

Mais assez fréquemment il arrive qu'après avoir pointé, il existe néanmoins des erreurs, car à ce travail on se fatigue et l'attention ne se soutient pas. Alors il est bon de recourir au moyen suivant pour contrôler et redresser le travail préparatoire auquel on vient de se livrer.

1° Faire le total général des sommes du Brouillard;

2° Faire le total général des sommes du Journal;

3° Le total général des *débits* du Grand-Livre;

4° Le total général des *crédits* du Grand-Livre.

Ces quatre totaux doivent être les mêmes à un centime près, puisqu'il n'entre au Journal et au Grand-Livre que les sommes mêmes du Brouillard. Si deux ou trois de ces totaux concordent entre eux, il y a lieu de présumer que la vérité est là : il faudrait donc chercher l'erreur dans le livre dont le total général diffère (1).

Avant d'avoir obtenu ce résultat, il est inutile de passer outre, ce serait perdre son temps. Enfin le travail préparatoire de la balance terminé et bien fait, on procède à la balance proprement dite.

Faire la balance, c'est rechercher ce que l'on a gagné ou perdu, et conséquemment s'assurer de combien le capital s'est accru ou diminué. Or la première question qui se présente est celle-ci : Quels sont les comptes susceptibles de présenter du bénéfice ou de la perte?

Réponse : Les seuls comptes de *Marchandises* et d'*Effets à recevoir*, et cela s'explique : on achète de la marchandise pour un prix, et en général on la vend à un autre prix. Il en est de même pour les *Effets à recevoir*, que nous prenons pour certaines sommes, et que nous cédons pour des sommes un peu supérieures ou un peu inférieures (2).

Nous allons donc nous occuper de régler le compte de *Marchandises générales* et celui des *Effets à recevoir*, en commençant par le premier.

---

(1) C'est une excellente précaution à prendre et qu'on ne saurait trop recommander, que de faire tous les mois ou tous les deux mois cette comparaison des totaux du Brouillard, du Journal et du Grand-Livre, et de les faire concorder entre eux. En procédant ainsi, on se prépare une facile balance ou règlement de compte général, attendu qu'alors si les écritures renferment encore quelques erreurs, ces erreurs portent nécessairement sur les opérations des derniers temps.

(2) Le compte de *Caisse* et les comptes individuels ne peuvent offrir des bénéfices, parce que, quant à la *Caisse*, une pièce de cinq francs y entre et en sort pour cinq francs, et que pour les comptes des individus, soit qu'ils doivent, soit qu'il leur soit dû, ce ne peut être que pour de la *marchandise* ou des *billets*, dont mention a été faite à ces comptes généraux, où, conséquemment, reposent les bénéfices ou les pertes résultant de ces actes de commerce.

D'abord faisons remarquer que si, au moment de la balance, toutes les marchandises achetées pouvaient se trouver vendues, il suffirait de faire le total de la colonne *doit*, où sont toutes celles que nous avons achetées, et de le comparer avec le total de la colonne *avoir*, où sont toutes les marchandises vendues (1).

Mais cela ne se présente point ainsi : il en reste toujours à vendre. Il faut donc commencer par en faire le relevé, et les apprécier, non d'après ce qu'on peut espérer les vendre, mais au prix d'achat, et, dans certains cas, au-dessus, afin de ménager un bénéfice ordinaire à l'année dans laquelle elles seront vendues.

Ce travail s'appelle *inventaire*.

Quant à nous, c'est-à-dire quant aux opérations de ce cours, notre inventaire nous apprend que de toutes les marchandises achetées il nous reste

		fr.	c.
(voy. la note ci-dessous) (2) pour............	40295 fr »		
Nous en avons vendu (voy. au Grand-Livre gravé, le total de l'*avoir*), pour...............	68396 35		
Total..............	108691 35		
Elles nous ont coûté (voy. au Grand-Livre le total du *débit*).........................	101320 60		
Or, sur celles qui sont vendues, nous avons gagné..		7370	75
Passant ensuite au dépouillement du compte des *Effets à Recevoir*, nous voyons qu'il est sorti de chez nous des effets (voy. le total de la colonne *avoir*), pour..........................	39563 50		
Nous en avons en portefeuille pour.........	5700 »		
Total..............	45263 50		
Il en est entré (voy. la colonne *doit*), pour..	45111 »		
Bénéfice provenant d'escompte..............................		152	50
Total des bénéfices...........		7523	25

---

(1) En effet, nous n'avons pu écrire *doivent* marchandises, que parce que nous en avons *acheté*; et *avoir* marchandises, que parce que nous en avons *vendu*.

(2)

Sucre...............	4900 kilog.......	à 1 fr. 30 c.....	6370 fr.
Café................	2520 »	à 2 » 50 »	6300
Savon...............	2000 »	à 1 » 05 »	2100
Cacao...............	1500 »	à 2 » 75 »	4125
Vin vieux...........	9 barr........	à 550 » 00 »	4950
Laine...............	1200 kilog.......	à 3 » 25 »	3900
Thé.................	2 caisses.....	à 900 » 00 »	1800
3/6.................	15 barr........	à 200 » 00 »	3000
Rhum................	4 »	à 575 » 00 »	2300
Farine..............	100 sacs.......	à 51 » 50 »	5150
Vin de mon père.....	3 pièces......	à 100 » 00 »	300
Total des marchandises en magasin.........			40295 fr.

		fr.	c.
Report des bénéfices d'autre part........		7 523	25
C'est ici le lieu de régler le compte de *Profits et Pertes;* nous connaîtrons ainsi nos bénéfices *nets*. Voici comment se présente ce compte :			
Doivent *Profits et Pertes* (nos pertes)........	4572fr 50		
Avoir *id.* (nos bénéfices)......	977 »		
Perte........................		3 595	50
Bénéfices nets et définitifs........................		3 927	75
En y joignant notre *capital*........................		65 000	»
notre nouveau capital, si toutefois nos écritures sont justes, s'élève aujourd'hui à........................		68 927	75

Si ce qui sort de la main des hommes pouvait, alors même qu'ils y ont apporté le plus grand soin, être considéré comme une œuvre parfaite ou seulement régulière, ici s'arrêterait la balance. Malheureusement, il n'en est pas ainsi; et les chiffres, moins que nulle autre chose, ne sauraient se contenter d'un à-peu-près ou d'un mieux relatif; ils exigent, ils doivent exprimer la vérité absolue. Dans la défiance de nous-mêmes, il nous reste donc à *prouver* l'exactitude du résultat que nous venons de trouver.

Comment obtenir cette preuve?

Par un moyen vulgaire, mais infaillible, qui repose sur cette considération, que la fortune ou *l'avoir d'un homme se compose de ce qu'il a à sa disposition, moins ce qu'il doit.*

En comptabilité, ce dont un négociant dispose, ce qu'il a, s'appelle *actif*, et ce qu'il doit, *passif*.

Établissons donc notre *actif* et notre *passif*, afin de savoir si le résultat qui va sortir de leur comparaison sera *exactement identique* avec celui qui vient de nous être annoncé par la balance. S'il en est ainsi, la balance sera juste, autrement elle sera fausse.

ACTIF.

			fr.	c.
Marchandises en magasin (voy. la 2e note de la page 37).....................		40295fr »		
Espèces en caisse.....................		6572 30		
Effets en portefeuille.....................		5700 »		
Débiteurs divers, savoir :				
Charles..................	2000fr »			
Gérard..................	6760 »			
Henrion..................	8827 75			
Rémond..................	1795 »			
Antoine..................	15524 80	34907 55		
Total de l'*Actif*..................			87 474	85

PASSIF.

Mes effets à payer en circulation, savoir :				
o/ *Henrion*, 31 *mai*	3000[fr]	»		
id. *id.*	4000	»		
o/ *Renouard*, 30 *juin*	1500	»		
o/ *Henrion*, *id.*	2000	»		
o/ *Rémond*, 15 *juillet*	1000	»		
o/ *Laurent*, *id.*	7000	»		
Total	18500	»		
Je dois sur Mlles de Bernard	47	10		
Créanciers divers, zéro	0			
Total du *Passif*			18547	10
Différence du *Passif* à l'*Actif*			68927	75

Et cette somme étant identiquement celle que nous annonce notre balance, nous en concluons que nos écritures sont rigoureusement justes (1).

Convaincus de cette exactitude, il ne nous reste plus qu'à passer au Journal, sous forme d'articles, les écritures de la balance, et à les transporter ensuite au Grand-livre, comme les opérations ordinaires ; car, remarquez-le bien, ce règlement de compte général doit figurer sur les livres.

Pour réunir au compte de *Profits et pertes* les bénéfices annoncés par la balance, page 38, nous passerons au Journal l'article suivant :

Divers à Profits et Pertes Fr. 7523[fr.] 25[c.]
M[ises] G[ales] Fr. . . . . 7370[fr.] 75[c.],

pour bénéfices provenant du dépouillement du compte de Marchandises Générales.

Effets à R[oir] Fr. 152[fr.] 50[c.],

pour id. sur ce compte (2).

---

(1) Si, au contraire, il y eût eu une différence entre la somme annoncée par la balance et celle qui ressort de la comparaison de l'*actif* au *passif*, nous en aurions conclu qu'il existait quelque erreur, et, en pareil cas, il faut, de toute nécessité, vérifier, pointer de nouveau, en un mot, recommencer le travail préparatoire et la balance elle-même, jusqu'à ce qu'il y ait une concordance parfaite entre les deux sommes.

(2) Si, au lieu de bénéfice, l'un de ces comptes eût présenté de la *perte*, on l'eût encore soldé par *Profits et Pertes*, lesquels, dans ce cas, eussent été débités ainsi :

Profits et Pertes à tel compte fr.

pour perte sur ce compte.

Cet article étant transcrit au Grand-livre, nous aurons toutes nos pertes et tous nos bénéfices réunis au compte de *Profits et pertes,* que nous réglerons pour le dépouiller à son tour, afin d'en doter le compte de *Capital.*

Or le compte de *Profits et pertes* se présente ainsi :

Total des bénéfices (colonne *Avoir*)	8500 fr.	25
Total des pertes (colonne *Doit*)	4572	50
Bénéfices nets, tous frais déduits	3927 fr.	75

que nous transportons au compte de *Capital* par un article ainsi conçu :

Profits et Pertes à Capital Fr. 3927 fr. 75 c.,

pour solde de ce premier compte exprimant mes bénéfices nets que je transporte à Capital.

Au *fond*, la balance s'arrête ici ; mais il nous reste, pour la *forme*, à passer deux autres articles, l'un pour l'*actif*, et l'autre pour le *passif.*

On l'a déjà dit, l'*actif*, c'est ce que nous avons, ou, dans le commerce, ce qui *est dû* au négociant par ses comptes généraux de *Marchandises*, *Caisse*, *Effets à recevoir*, et par *divers de ses correspondants.* Mais, et pour un instant seulement, nous allons *créditer* bénévolement, gratuitement ces comptes et ces débiteurs, absolument comme s'ils nous avaient payés, et cela dans l'unique vue de fermer et de laisser leur compte dans un état tel, que le total du débit et le total du crédit apparaissent aux yeux les mêmes des deux parts.

Le *passif*, c'est ce que nous devons tant par *effets à payer* qu'à diverses personnes individuellement. Cependant nous allons, mais pour un instant aussi, mentir à la vérité, et débiter sans motif les comptes composant ce passif, et absolument comme si nous avions payé.

Or l'*actif* donne lieu à un article ainsi conçu :

Balance de Sortie à Divers Fr. 87474 fr. 85 c.
*à M*ises *G*ales (voy. le reste au Journal).

Le *passif*, dans lequel il faut faire entrer le nouveau capital, donne lieu à l'article suivant :

Divers à Balance de Sortie Fr. 87474 fr. 85 c.
Effets à Per (voy. le reste au Journal).

Tel est l'ordre à suivre pour la balance. Il n'est pas inutile de le résumer ici en quelques lignes ; on en saisira mieux la marche et l'ensemble.

1° Vérifier les écritures du Brouillard au Journal, et ensuite du Journal au Grand-livre.

2° Faire l'inventaire.

3° Extraire les bénéfices ou les pertes des comptes de *Marchandises générales*, d'*Effets à recevoir* et de *Profits et pertes*, afin d'avoir le montant définitif des bénéfices nets qu'on ajoute au *capital* ancien pour avoir le *capital* nouveau.

4° Pour avoir la preuve de l'exactitude du chiffre exprimant ce nouveau capital, il faut établir l'*actif* et le *passif*, et déduire du total de l'actif le total du passif. On aura pour différence une somme à laquelle doit se rapporter exactement ce nouveau capital du négociant le jour où s'arrête sa balance. S'il en est autrement, c'est qu'il existe quelque erreur dans les livres; dans ce cas, il faut vérifier de nouveau et jusqu'à ce qu'on ait satisfaction sur ce point.

5° Ce résultat obtenu, les écritures sont régulières; alors, mais seulement alors, s'occuper de passer au Journal les articles émanant de la balance, c'est-à-dire :

1° *Débiter* les comptes qui présentent des bénéfices, et en créditer *Profits et Pertes*, comme on l'a fait au Journal en date du 30 avril, en disant :

M[ises] *G*[ales] *à Profits et Pertes Fr....*

(Voir cet article au Journal).

2° Et, pour le cas où ce compte, ou bien celui des *Effets à recevoir*, au lieu de bénéfice présenterait de la perte, le *créditer* ainsi en débitant *Profits et Pertes :*

Profits et Pertes à tel compte Fr....

pour solde et perte sur ce compte.

6° Les articles précédents étant portés au Journal, les transcrire au Grand-livre, afin d'avoir toutes les pertes et tous les bénéfices réunis au compte de *Profits et Pertes*, qu'alors on solde, qu'alors on dépouille à son tour pour accroître le *capital*, en passant au Journal un article ainsi conçu :

Profits et Pertes à Capital Fr....

7° Faire de tout ce qui compose l'*actif* un article *créditant* bénévolement, gratuitement comme suit, les comptes et les personnes qui nous doivent :

Balance de Sortie à Divers Fr....

(Voir le reste au Journal.)

8° Faire de tout ce qui comprend le *passif*, en y joignant le nouveau capital, un article *débitant* sans motif et comme suit, ceux à qui nous devons :

Divers à Balance de Sortie Fr....

(Voir le reste au Journal.)

Remarque. Ces deux articles de *balance de sortie* étant portés au Journal et transcrits au Grand-livre, terminent définitivement les écritures des opérations commerciales que l'on règle.

S'il reste sur les registres assez de papier blanc pour y continuer les écritures, on tire à l'encre une barre sous chaque compte ouvert au Grand-Livre, afin de séparer les affaires réglées de celles qui suivront.

Quant au Journal, il faut y débuter par deux articles ayant pour objet de rétablir les situations, et de nous faire rentrer dans la vérité méconnue et renversée par les deux articles de *balance de sortie*. Nous voulons dire qu'ayant par pure forme *gratuitement crédité* les comptes et les débiteurs composant notre *actif*, il faut les *débiter* ici ; puis, et par contre, *créditer* les comptes et les individus composant notre *passif*.

Or les écritures du *nouveau Journal* s'ouvriront par les deux articles suivants, dont le premier représente notre *actif*, et le second notre *passif*.

Divers à Balance d'Entrée Fr....

(Le reste comme au journal, folio 14.)

du dito.

Balance d'Entrée à Divers Fr....

(Le reste comme au Journal, folio 14.)

Ici se termine ce cours ; cependant il nous semblerait incomplet, si, d'une part, nous n'y ajoutions, comme *questionnaire* ou *exercices*, environ cent vingt articles embrassant des cas nouveaux pour les élèves, et devant servir à les fortifier ; et si, d'autre part, nous ne leur apprenions pas à dresser un *compte-courant* avec intérêts, comme ceux que les négociants échangent entre eux.

On appelle *compte-courant* une sorte de tableau, où, d'une part, sont exposées dans un certain ordre les sommes que nous doit telle personne, et, d'autre part, celles que nous lui devons nous-mêmes. On y prépare aussi les moyens d'apprécier les intérêts mutuellement dus.

Les comptes-courants se font d'après deux méthodes, l'une ancienne, l'autre nouvelle.

Nous ne nous sommes pas contenté d'en indiquer la marche et le mécanisme, nous en avons expliqué la raison et développé le principe arithmétique qui sert de base à la solution des questions d'intérêt à tous les taux.

Les feuilles nécessaires à l'exposition de ces comptes-courants étant forcément d'un format plus grand que celui de ce volume, ne pouvaient y entrer ; elles ont été placées à la fin du Grand-livre gravé. Nous en recommandons l'étude ; c'est un point non-seulement utile, mais indispensable : alors même qu'on n'aurait point de comptes-courants à adresser à ses clients, on aura à s'assurer de l'exactitude de ceux qu'inévitablement l'on recevra de quelques-uns d'entre eux.

De plus, ne vous contentez pas du moyen mécanique, étudiez le principe et ne restez pas (il faut avoir le courage de le dire) dans l'ignorance presque générale où sont à ce sujet patrons et employés. (Voir au Grand-livre, les dernières pages de ce registre.)

EXPLICATIONS

DE CEUX DES ARTICLES DU JOURNAL GRAVÉ QUI NOUS ONT PARU EN AVOIR BESOIN.

N° 12. — Voir la note des pages 31 et 32.

N° 27. — J'achète de Rolin de la marchandise que je lui paie par d'autres marchandises; il semble qu'il n'y ait rien à écrire que les 200 fr. pour solde. Il faut néanmoins passer l'article comme on le voit au Journal, parce que les livres d'un négociant doivent signaler l'entrée et la sortie de toutes ses marchandises.

N° 30. — C'est bien à Manuel que je vends; mais comme il m'ouvre un crédit sur Rémond, c'est ce dernier qui devient mon débiteur.

N° 35. — Une succession augmentant notre capital, nous en passons la somme à *Capital*.

NOTA. Si nous avions gardé la propriété (soit des terres, soit une maison située à Lyon, je suppose), nous aurions ainsi ouvert un compte à cette propriété :

Maison de Lyon à Capital Fr. 15000,

pour sa valeur approximative.

Puis, à chaque dépense, telle que réparations ou embellissements, nous aurions passé un article ainsi conçu :

Maison de Lyon à Caisse Fr....

pour réparations.

En recevant le paiement des loyers ou des fermages, nous aurions à dire :

Caisse à Maison de Lyon Fr....

pour loyers reçus de telle époque à telle époque.

A la fin de l'année, on règle ce compte comme celui de *Mises Gales*, par un article qui en transporte à *Profits et pertes* le rapport *net*, et comme suit :

Maison de Lyon à Profits et Pes Fr...,

pour solde de ce compte représentant le rapport net.

N° 41. — Même observation qu'au n° 12. Seulement nous ferons remarquer que la commission se prend sur la somme brute, c'est-à-dire sur fr. 9000, ci.. 22 fr. 50
et que l'escompte ou l'intérêt des quatre effets est en raison du temps à courir pour atteindre leurs échéances, ci cet escompte.. 77 50

Total.............. 100 fr. 00

N° 44. — Étienne m'autorisant à payer à Antoine fr. 6300, j'en passe un article ainsi conçu :

***Étienne à Antoine Fr.* 6300.**

Au premier aspect, une telle rédaction semble indiquer un fait en dehors de moi et de mes intérêts, puisqu'il n'y est question que de deux étrangers. Mais il ne faut pas perdre de vue que tout article porté sur mes livres me concerne, et que toute personne qui y est *débitée* ne doit qu'à moi, de même que c'est moi encore qui dois à toute personne qui y est *créditée*. Or quand j'écris *Etienne doit*, c'est *à moi* qu'il est dû; et quand je *crédite* Antoine, c'est *moi* qui lui dois.

N° 47. — Je reçois des marchandises pour le compte d'un autre, je ne suis donc que commissionnaire : or je ne porterai pas au compte de *M*[ises] *G*[ales] une marchandise qui ne m'appartient pas.

En pareil cas, c'est-à-dire soit qu'on ait dans ses magasins des marchandises à vendre pour le compte d'un autre, soit qu'on adresse soi-même des marchandises à titre de dépôt, à titre de commission, on ouvre un compte particulier à ces sortes d'opérations comme nous l'avons fait au journal.

N° 48. — Dumont me vendant de la marchandise et me donnant l'ordre d'en payer le montant à Germain, c'est comme si cette marchandise me venait directement de Germain ; j'écris donc,

M*[ises] *G*[ales] *à Germain.

N° 49. — Cet article étant, pour ce qui concerne Henrion, la contre-partie de l'article 48 ci-dessus, on a dû dire :

***Divers à M*[ises] *G*[ales] *Fr.* 13500**
***Antoine*. 7000**
***Henrion*. . . . . 6500.**

N° 52. — Lorsque mon père m'a fait cadeau de vin, je l'ai destiné à l'usage de ma maison, et j'ai écrit ;

Frais G*[aux] *à Prof. et P*[tes] *Fr....

Aujourd'hui j'en vends pour fr. 125, je dois décharger les *Frais G*[aux] d'autant : or,

***Caisse à Frais G*[aux] *Fr.* 125.**

N° 53. — Je reçois de diverses personnes des valeurs diverses : or,

Divers à Divers Fr. 5390.

Nous avons peu de goût pour les comptes de *Divers à Divers*, parce qu'ils n'abrégent en rien les écritures, et qu'ils y apportent plus d'obscurité que de lumière.

Cependant nous avons voulu en présenter un, afin que tout en n'en faisant point usage, on pût au moins les interpréter chez les autres. En pareil cas, le mieux est de diviser ces sortes d'articles comme ici :

Divers à Rémond Fr. 1690
Effets à R[oir]. 1190
Caisse. . . . . 500.

du d°.

Divers à Antoine. . . . 3700
Effets à R[oir]. 1700
Caisse. 1960
Profits et P[tes]. . . . . . 40.

N° 57. — Cet article est la contre-partie du n° 44.

N° 58. — Je vends de la marchandise à Laurent ; je me paie en disposant sur lui, c'est-à-dire en créant une lettre de change qu'il sera obligé de payer : or Laurent ne doit plus. Cette traite, je la négocie au pair contre espèces : finalement c'est

Caisse à M[ises] *G*[ales].

N° 59. — J'achète de Gérard de la marchandise dont il se paie en disposant sur moi en une traite : or

M[ises] *G*[ales] *à Effets à P*[er].

N° 60. — Je vends à Étienne, et je me paie en disposant sur lui en une traite que je négocie, et dont je tire net 3570 fr. 30 c. C'est donc comme si j'avais vendu au comptant pour 3570 fr. 30 c. : or

Caisse à M[ises] *G*[ales] *Fr.* 3570 30.

N° 61. — J'escompte à Henrion un de mes propres effets moyennant 25 fr. à mon avantage ; j'aurais pu dire :

Effets à P[er] *à Caisse Fr.* 5975,

net compté en espèces pour m/b. o/ Henrion.

En cela, j'aurais suivi le principe posé pour les escomptes des *effets à recevoir*. Cependant nous avons fait et nous engageons à faire autrement quand il s'agit de nos *billets à payer*, et voici notre raison. Fréquemment, on escompte ou négocie des *effets à recevoir* ; très-rarement, au contraire on escompte de ses propres billets. Or, pour laisser ce dernier compte présenter la même somme au débit et au crédit, il est préférable, quand, par hasard, un semblable cas se présente, de faire intervenir, comme nous l'avons fait, le compte de *Profits et Ptes*.

N° 64. — Un effet me revient protesté, je le rembourse et le renvoie à Rémond de qui je le tiens : or

Rémond à Caisse Fr. 1665.

N° 65. — On me prête net 6912 fr. 50 c., et je m'engage par mon propre billet à rendre fr. 7000. Évidemment je perds : or

Divers à Effets à Per Fr.	7000 »
Caisse	6912 50
Profits et Ptes	87 50

N° 67. — Je vends à crédit à Germain les marchandises en dépôt de Bernard : or

Germain à Mises de Bernard.

N° 69. — Je remets à Bernard des effets de portefeuille à valoir sur ses marchandises, et en même temps je prélève ma commission : or

Mises de Bernard à Divers Fr.	12757 40
à Effets à Rotr	12500 »
à Profits et Ptes	257 40.

Remarquez que Bernard prend ici le nom de *Mises de Bernard*. Cela est nécessaire pour éviter les confusions. En effet, Bernard pourrait avoir chez nous un compte particulier, où, conséquemment, il figurerait sous son nom propre de *Bernard*. Si donc, pour les marchandises en dépôt, on le désignait de même, on pourrait porter à un compte ce qui appartient à l'autre.

EXERCICES

OU

ARTICLES A RÉDIGER VERBALEMENT AFIN DE SE FORTIFIER.

NOTA. Si on est embarrassé pour quelques-uns de ces articles, on les trouvera rédigés page 63 et suivantes.

1857. *Janvier* 4.	fr.	c.
1.—J'entre dans le commerce en y apportant un capital ainsi composé : Espèces........................ 35000^{fr} » Georges me doit .... 3500 » Antoine id. .... 4000 » Mon mobilier vaut................. 2500 »	45000	»
du d°.		
2.—Acheté de Duval, au comptant, de la m^{ise} p^{r}.......	1500	»
du 5 d°.		
3.—Acheté de Bréon, payable à 3 mois, p^{r}...........	2200	»
du d°.		
4.—Vendu au comptant à Collin pour................	800	»
du 6 d°.		
5.—Acheté de Duval de la m^{ise} que j'ai payée en m/b. à s/o. fin du courant........................	600	»
du d°.		
6.—Vendu à Dumont des vins, p^{bles} à 3 mois.........	1100	»
du 7 d°.		
7.—Acheté de Laurent, à qui j'ai remis en paiem^{t} m/b. à s/o. fin du courant.............. 350 » Espèces pour solde.................. 475 »	825	»
du d°.		
8.—Je vends à Adrien pour fr. 1478, qu'il m'a payés en s/b. à m/o., à 2 mois.....................	1478	»
du 8 d°.		
9.—Vendu à Thierry des alcools pour fr. 2400, qu'il m'a réglés (c.-à-d. payés) ainsi : En s/b. à m/o., à 30 jours............ 1800 » En espèces......................... 600 »	2400	»

			fr.	c.
du 9 janvier.				
10.—Vendu payable à 3 mois :				
à Bréon, des cafés p^r...............	4670^fr	»		
à Roland, id..................	2700	»	7370	»
du 10 d°.				
11.—Vendu aux suivants :				
à Charles, des liqueurs, payables à 3 mois, pour	890	»		
à Robin, des liqueurs, au comptant.	345	»	1235	»
du 11 d°.				
12.—Acheté de Simonin des soieries p^r fr. 4500, que je lui ai réglées ainsi :				
En m/b. à s/o., à 2 mois.............	2000	»		
En un effet de portefeuille sur Jean....	500	»		
En espèces sous esc^te de 2 0/0, fr. 2000, ci net........................	1960	»	4460	»
du 12 d°.				
13.—Acheté de Renaud du cacao p^r fr. 1700, que je lui ai payés ainsi :				
En un effet sur lui-même, que j'avais chez moi, ci....................	1200	»		
En 2 pièces de vin, à fr. 250 chacune, ci.	500	»	1700	»
du d°.				
14.—Vendu à Rousseau des huiles pour fr. 4975, p^bles à 3 mois, ou ces jours proch., à l'esc^te de 2 0/0....			4975	»
du d°.				
15.—Je paie à Julien, savoir :				
En trois effets de portefeuille.........	1854	»		
En m/b. à s/o., fin du prochain.......	776	»		
En espèces........................	435	»	3065	»
du 13 d°.				
16.—Rousseau me paie en espèces fr. 4975, sous esc^te de 2 0/0, ci espèces..............	4875	50		
Esc^te qu'il a retenu	99	50	4975	»
du d°.				
17.—Vendu à Blandin du sucre pour fr. 1492, qu'il me paie, savoir :				
En un de m/b. qu'il avait dans les mains.	992	»		
En s/b. à m/o., à 30 jours............	500	»	1492	»
du 15 d°.				
18.—J'ai acquitté m/b. o./ Dupuis, échu ce jour........			1154	»
du d°.				
19.—Acheté au comp^t différents articles d'ameublement..			470	»

				fr.	c.
1857. *Janvier* 16.					
20. — Vendu à Edmond des vins pr fr. 5000, à compte desquels il m'a remis, savoir :					
S/b. à m./ au 15 mars		2000	»		
Un effet sur Larieu, de Lyon, au 31 mars		1840	»		
Restant dû		1160	»	5000	»
du d°.					
21. — Rolin m'avise qu'il dispose sur moi à 15 jours de vue pour fr. 1975 que je lui dois		1975	»	1975	»
du d°.					
22. — J'informe Dumas que je dispose sur lui à m/o., pble fin du ct pour ci		1260	»	1260	»
du 17 d°.					
23. — Je dispose à vue sur Lamblin pour fr. 3150, o/Popelin, qui me prend cet effet au pair et me compte en espèces		3150	»	3150	»
du d°.					
24. — Je dispose sur Barbier, à 2 mois, pr fr. 2400, en une traite que je négocie à 1/2 0/0 par mois d'escte et à 1/4 0/0 commission :					
Escompte fr.	24				
Commission	6	30	»		
Net en espèces		2370	»	2400	»
du 19 d°.					
25. — Je dispose à 5 j. de vue sur Duroc, de Lyon, pr fr. 3800 en une traite que je cède à Bernard avec avantage de 1/4 0/0 pr la traite. Or il me compte :					
1° Le total de cet effet		3800	»		
2° 1/4 0/0 bénéfice pour moi		9	50	3809	50
du 21 d°.					
26. — Vendu à Beaudin des bois de teinture s'élevant à fr. 1800, payables à 2 mois		1800	»		
à Garnier des soieries pour fr. 2300, sur lesquels il m'a remis s/b. à m/o. au 31 mars	1800				
Reliquat	500	2300	»		
à Gérard des toiles pour fr. 4000, sur lesquels il m'a payé fr. 2 000 sous escte de 2 0/0.					
Ci en espèces	1960				
Restant dû	2000	3960	»	8060	»

			fr.	c.
1857. Janvier 24.				
27. — Acheté des suivants :				
de Frénais des dentelles pour fr. 2000. Remis à valoir m/b. à s/o. fin février fr........	1500	»		
Restant dû à Frénais................	500			
de Robin des draps pour fr. 5600, que je lui ai réglés en valeurs de portefeuille..........................	5600	»	7600	»
du 26 d°.				
28. — J'ai accepté une lettre de ch. à 10 j. d. v. de fr. 2500, tirée sur moi par Gallois....	2500	»	2500	»
du d°.				
29. — Henrion me paie ainsi une somme de fr. 5000 :				
En un de mes propres billets.........	1000	»		
En un effet sur Paulin, de Lille, au 5 mai.................... 1250				
id. id. 31 mai. 2000	3250	»		
En espèces pour solde...............	750	»	5000	»
du 31 d°.				
30. — J'ai encaissé les effets suivants échus :				
B./ Barbier.........................	1500	»		
id. Edmond.........................	600	»		
id. Évrard..........................	300	»	2400	»
du d°.				
31. — J'ai acquitté m/b. suivants échus :				
M/b. o./ André......................	1755	»		
M/b. o./ Lucien.....................	464	»	2219	»
du d°.				
32. — Les dépenses de ma maison dans le courant de janvier se sont élevées à.....................			687	»
du d°.				
33. — Payé divers mémoires ayant pour objet l'organisation de mes magasins........................			1255	»
du 1er février.				
34. — Parmi les soieries que Simonin m'a livrées, il s'en est trouvé de qualités inférieures sur lesquelles il m'a fait un rabais de fr..................			125	»
du d°.				
35. — Henrion offre de me payer comptant sous escompte de 1/2 0/0 par mois, 2750 fr. qu'il ne me doit qu'au 30 avril. J'accepte sa proposition : or il me compte en espèces.................	2722	50		
Escompte qu'il retient...............	27	50	2750	»

	fr.	c.
1857. *Février* 2.		
36. — Je prête à Savari fr. 3 000 pour 3 mois à 6 0/0 par an. Intérêts que je retiens sur cette somme, fr. 45 »	3 000	»
du d°.		
37. — Marion me prête fr. 2 800 pour 2 mois à 6 0/0 l'an. Intérêts qu'il retient fr. 28..................	2 800	»
du 4 d°.		
38. — Je prête à Grenard fr. 1 800 pour 4 mois à 6 0/0 l'an; je lui compte donc en espèces fr. 1764, et il me fait son b/ au 4 juin prochain de.................	1 800	»
du d°.		
39. — Florimont me prête pour 6 mois à 6 0/0 par an fr. 5 000 qu'il me remet, savoir : En une t^te sur Charles, payable dans deux jours, et que je prends pour comptant..... 1 200 » En espèces....................... 3 650 » Intérêts qu'il retient................ 150 » Et je lui fais m/b à s/o au 4 août proch. de........	5 000	»
du 5 d°.		
40. — J'écris à Muret que parmi les vins qu'il m'a vendus dernièrement il se trouve deux pièces ayant un goût de fût très-prononcé, que je laisse pour son compte, et que je tiens à sa disposition. Ci..... 500 » Frais de transport payés par moi .... 25 »	525	»
du d°.		
41. — Parmi les toiles que Millot m'a expédiées, il s'est trouvé deux pièces avariées sur lesquelles il consent à me faire un rabais de fr................	15	»
du 6 d°.		
42. — Je fais assurer mes marchandises contre l'incendie, et je paie pour prime de la 1re année..........	105	»
du 7 d°.		
43. — Je me marie et ma femme m'apporte en dot fr. 50 000, dont moitié en espèces, ci........ 25 000 » Et moitié en une maison à Versailles. 25 000 »	50 000	»
du 10 d°.		
44. — J'escompte à Dulac, à 6 0/0 l'an et 1/2 0/0 de com^on, y compris change de place, les effets suivants : S/T^te sur Julien de Bordeaux, au 30 avril.............. 2 500 » S/id. s/ Thomas, 31 mai..... 3 000 » — 5 500 » Intérêts que je retiens...... 85 35 Com^on et change de place... 27 50 — 112 85	5 387	15

			fr.	c.
1857. *Février* 15.				
45. — J'ai négocié (c.-à-d. vendu) à Thorel les effets ci-dessous, à 6 0/0 et 1/4 0/0 commission :				
B/ Lourmel 15 avril.........	500 »			
B/ id. 30 avril.........	1 200 »			
B/ Lucien 15 mai..........	800 »			
B/ id. 31 mai..........	1 600 »	4 100 »		
Intérêts qu'il a retenus fr...	60 »			
S/Com^{on}................	10 25	70 25	4 029	75
du d°.				
46. — Je fais à ma sœur, qui se marie, quelques cadeaux qui me coûtent..............................			1 200	»
du 17 d°.				
47. — Je dois à Nicolle une somme de fr. 1850. Il me propose 2 et 1/4 0/0 d'esc^{e} si je veux la lui payer comp^{t}. J'accepte et je lui compte espèces		1808 40		
Esc^{te} que je retiens..................		41 60	1 850	»
du d°.				
48. — Didier me propose le paiem^{t} comp^{t} de fr. 900 qu'il me doit à 2 mois, si je consens à un rabais de 1 et 1/4 0/0. J'accepte, et il me compte :				
En espèces..........................		888 75		
Esc^{te} qu'il retient.....................		11 25	900	»
du 20 d°.				
49. — J'ai encaissé les effets ci-dessous :				
B/ André échu.....................		1 415 »		
B/ Antoine échu....................		645 »		
B/ Rougemont......................		1 450 »	3 510	»
du d°.				
50. — Vincent, qui me doit fr. 2715, m'ouvre un crédit de semblable somme chez Lafont, de Paris........			2 715	»
du 22 d°.				
51. — J'adresse à Péraud, avec qui je suis en compte, une t^{te} de David sur Allard, de sa ville, p^{ble} le 15 du prochain, que j'avais en portefeuille..		1 743 50		
M/b o/Péraud fin avril...............		837 50	2 581	»
du 24 d°.				
52. — J'adresse à Antoine des m^{ises} pour fr. 2 515, et l'autorise à payer cette somme à Lambert, de sa ville.			2 515	»
du d°.				
53. — Je reçois en espèces des suivants :				
de Georges.........................		977 »		
de Frénais.........................		415 »		
de Gérard..........................		478 »	1 870	»

	fr.	c.
1857. *Février* 24.		
54. — Je dois à Edmond fr. 4 500 que je lui paie, savoir : En une t^{te} que je fais aujourd'hui sur Naudin, p^{ble} fin mars........................ 1 534 » En m/b à s/o, id.................... 2 000 » En un effet de portefeuille........... 966 »	4 500	»
du 25 *d°.*		
55. — Vautrin m'ayant chargé d'acheter p^{r} s/ compte, moyennant une com^{on} de 3/4 0/0, des toiles de diverses qualités, je lui en adresse p^{r} fr. 5 760, dont il aura à payer le montant au vendeur. Ci ma com^{on}..................................	43	20
du d°.		
56. — Par mon ordre, Villars, mon commis^{re} à Lyon, m'a acheté moyennant une com^{on} de 1/2 0/0 des soieries que lui livrent pour mon compte Gaspard et Cie de Lyon, et s'élevant ensemble à............................ 23 500 » Com^{on} due à Villars............... 117 50	23 617	50
du 27 *d°.*		
57. — Je paie quelques embellissements faits dans mon appartement..................................	475	»
1857. *Mars* 1er.		
58. — J'hérite d'une tante du tiers de sa maison que je cède à mon frère Gaston moyennant fr. 20,000, sur lesquels il me paie en espèces 4 500 ci......	20 000	»
du 2 *d°.*		
59. — Je fais cadeau à ma femme d'une parure qui me coûte fr. 1 500 et que j'ai payée comp^{t}........	1 500	»
du d°.		
60. — Le feu vient de détruire le mobilier d'un de mes employés, auquel je fais un don de............	200	»
du 3 *d°.*		
61. — Les dépenses de ma maison se sont élevées pour le mois de février à..........................	780	»
du d°.		
62. — Je reçois de Blandin des m^{ises} p^{r} fr. 4 900, en paiement desquelles il dispose sur moi, savoir : Au 15 avril pour.................. 1 900 » Au 31 mai p^{r}...................... 3 000 »	4 900	»

	fr.	c.
1857. *Mars* 3.		
63. — Je vends à Henrion des vins pour fr. 8 000, en paiement desquels je dispose à 4 mois en un seul effet que je négocie à Villars à 6 0/0 et 1/4 0/0 com^{on}, ci .... 8 000 » Esc^{te} retenu par Villars...... 160 » Commission.............. 20 » 180 »	7 820	»
du 4 d°.		
64. — Je tenais de Duval un effet de fr. 2 150 sur Léonard, qui en a refusé le paiement à l'échéance. Je renvoie à Duval, avec lequel je suis en compte, cet effet protesté et lui en demande crédit 2 150 » Protêt........................ 5 »	2 155	»
du 5 d°.		
65. — Je tenais de Rémond un effet de fr. 1 800 sur Collin qui en a refusé le paiement. Après protêt, j'ai fait sur Rémond une retraite à 5 j. de v., montant, avec protêt et compte de retour, à fr. 1 817 50, que j'ai négociée à Thorel, ci net encaissé par moi..........................	1 800	»
du d°.		
66. — Thomas me renvoie protestée ma t^{te} à s/o sur Ragon de fr. 2 100, payable fin février d^{er}; et, pour se couvrir, il dispose sur moi au 15 mars c^{t} p^{r} fr. 2 112 50 représentant cette t^{te}, y compris protêt et compte de retour..................	2 112	50
du 6 d°.		
67. — Je remets aux suivants : à Barbier, deux effets de portefeuille, ensemble, fr.................. 2 470 » M/b à s/o 31 mai.......... 950 » 3 420 » à Prunier une t^{te} à vue que je fais ce jour sur Duval, de Bordeaux.............. 1 700 » à Duroc, fr. 1 640 sous esc^{te} de 1 et 3/4 0/0, ci en espèces.................. 1 611 30 Escompte que je retiens.... 28 70 1 640 »	6 760	»
du 10 d°.		
68. — Je négocie à Thorel, à 6 0/0 et 1/4 0/0 com^{on}, les effets suivants que j'avais en portefeuille : B/ s/ Vignard, 31 mai...... 2 780 » T^{te} s/ Thouvenin, 15 juin... 1 850 » T^{te} s/ Frénais, 10 juin...... 775 » 5 405 » Esc^{te} et com^{on}.............. 91 50	5 313	50

			fr.	c.
1857. *Mars* 15.				
69. — J'escompte à Royer, à 6 0/0 et 1/2 0/0 comon, change de place compris :				
S/ tte sur Dumon, de Lyon, au 15 mai.	1 600 »			
S/ tte sur Dumont, de Lyon, au 31 mai.	1 870 »			
S/ tte sur Julien, 10 juin.	2 145 »	5 615 »		
Escte et comon.		96 05	5 518	95
du 16 do.				
70. — Je reçois de Barbier, de Nantes, s/b à m/o de fr. 2 217, pble à 3 mois, que je négocie à 6 0/0 et 1/8 0/0 comon à Thorel, ci.		2 181 »		
Escte et comon.		36 »	2 217	»
du 17 do.				
71. — Rivière m'a vendu des rubans dont la facture s'élève net à fr. 15 700.				
Pour le couvrir de cette somme, je lui ai remis :				
Un effet de portefeuille sur Edmond, au 1er mai.		2 700 »		
Un effet de portefeuille sur id., au 31 mai.		1 275 »		
Une tte que je fais aujourd'hui sur Martin, de Brest, à 2 mois.		3 000 »		
Un b/ de portefeuille s/ Rivière, 15 juin.		3 000 »		
Puis, et d'après son ordre, j'ai payé à Lucien fr. 3 000 sous escte de 2 0/0 à m/ profit, ci en espes.	2 940 »			
Escte.	60 »	3 000 »		
Restant dû à Rivière.		2 725 »	15 700	»
du 20 do.				
72. — Je vends à Vincent des cafés pour fr. 2 850, et en même temps je lui achète des huiles pr fr. 1 945, ci.			2 850	»
du do.				
73. — Gallois m'avise qu'il vient d'ouvrir sur ma caisse un crédit de fr. 1 780 à Villars.			1 780	»
du 22 do.				
74. — J'avise Rimbaud que j'ouvre chez lui un crédit de fr. 1 125 à Étienne.			1 125	»
du do.				
75. — J'encaisse les effets suivants :				
Tte Rémond échue.		1 475 »		
B/ Muret échu.		1 240 »	2 715	»

Libellé			fr.	c.
1857. *Mars* 22.				
76. — J'acquitte m/b. o./ Flandin échu................			1248	»
du 25 *d°*.				
77. — Bourdon vient de m'adresser 1200 bouteilles de champagne p^r être vendues p^r son compte.				
Frais de transport, d'octroi et de mise en magasin.			201	50
du 29 *d°*.				
78. — J'achète de Julien, et de compte à 1/2 avec Bréon, 90 pièces de vin de Bordeaux, à fr. 420 la pièce, sous esc^te de 3 0/0, p^bles moitié à 3, moitié à 6 mois ; ci net, fr..........................			36666	»
du 31 *d°*.				
79. — J'adresse à Julien à valoir sur ses vins :				
1° Deux effets de portefeuille sur Richard, savoir :				
Au 30 juin..................	2900			
Au 31 juillet.................	4000	6900 »		
M/b. o./ Julien 30 juin..............		3200 »	10100	»
du d°.				
80. — J'ai reçu des suivants :				
de Laumont, en espèces fr.....	2700			
du même s/b. à m/o. fin avril...	800	3500 »		
de Simon, fr. 3000 en espèces, sous esc^te de 1/2 0/0, ci en espèces.	2985			
Esc^te retenu par Simon........	15	3000 »	6500	»
du d°.				
81. — Les dépenses de ma maison se sont élevées pour le mois de mars à fr..........................			789	50
du 4 *avril*.				
82. — Payé divers frais pour les vins de compte à 1/2 avec Bréon, savoir :				
Transport........................		660 »		
Magasin hors de la ville.............		120 »		
Mise des m^ises en magasin...........		125 »		
Octroi de 30 pièces entrées en ville.....		1200 »		
Charroi et mise en cave de ces d^res....		50 »	2155	»
du 7 *d°*.				
83. — J'accepte une t^te de fr. 6500 p^ble le 30 7bre proch., faite sur moi par Julien, à valoir sur ses vins en participation avec Bréon..........................			6500	»
du 8 *d°*.				
84. — Je dispose à vue sur Collin p^r fr. 2700 en une t^te que je négocie à Thorel, au pair, moins une réduction à forfait de fr. 10, ci..........................			2700	»

			fr.	c.
1857. *Avril* 10.				
85. — Vendu à Henrion 20 pièces des vins en compte à 1/2 avec Bréon, savoir :				
10 pièces livrées en ville à fr. 540 s/escte de 2 0/0..........................	5292	»		
10 id. livrées hors de la ville à fr. 500, sous escte de 2 0/0................	4900	»	10192	»
du 12 *d°.*				
86. — Vendu au comptant à 3 fr. 15 c. la bouteille, et 3 0/0 d'escte les 1200 blles vin de champagne à vendre en comon pr le compte de Bourdon, ci.	3780	»		
Escte à déduire......................	113	40	3666	60
du d°.				
87. — Je règle ainsi le compte des vins de champagne que j'avais à vendre pour Bourdon :				
Leur produit net est de.... 3666 60				
Déboursé à leur arrivée (voir l'article du 25 mars der).. 201 50				
Reste............................	3465	10		
que je lui règle ainsi :				
1° 2 1/2 0/0 de comon à raison du ducroire (c'est-à-dire de ma responsabilité à son égard)................	91	65		
2° M/b. à s/o. à 15 jours de vue.......	3373	45	3465	10
du 14 *d°.*				
88. — Henrion me règle les fr. 10192, montant des vins de compte à 1/2 avec Bréon, que je lui ai vendus le 10 du ct, savoir :				
En s/b. à m/o., au 15 juin............	3000	»		
En id. id. 30 id..............	3000	»		
En un b / sur David, au 15 mai........	2000	»		
En espèces pour solde...............	2192	»	10192	»
du 15 *d°.*				
89. — Vendu à Gallois les 70 pièces de vin de Bordeaux en compte à 1/2 avec Bréon, à fr. 465 la pièce, sous escte de 2 0/0 livrables hors barrières, et pbles à 2, 4 et 6 mois, et par tiers, ci net.....	31899	»	31899	»
du 16 *d°.*				
90. — J'informe Dupuis, qui me doit fr. 2300, que j'ouvre sur sa caisse un crédit de même somme à Germain....................................			2300	»
du d°.				
91. — Thorel, à qui j'avais cédé une tte à vue sur Collin de fr. 2700, me la présente protestée faute de paiement : or je lui rembourse,				
1° cette somme de fr................	2700	»		
2° pour protêt et compte de retour....	15	75	2715	75

	fr.	c.
du 19 avril 1857.		
92. — Collin m'adresse un effet de fr., 2715-75 p^{ble} à Paris fin du c^{t}, pour me couvrir du remboursement de ma t^{te} sur lui revenue protestée le 16 du c^{t}...	2715	75
du 21 d°.		
93. — Gallois me remet à valoir sur les vins en participation avec Bréon, que je lui ai vendus, les effets suivants : S/t^{te} sur Pardigon, d'Aix, 31 mai...... 6000 » S/id. sur Hurel, de Nîmes, id......... 5500 » S/b. à m/o., 30 juin................ 4500 » Au total, fr............... 16000 » que j'adresse à Julien, à valoir................	16000	»
du 24 d°.		
94. — Je paie à mon propriétaire fr. 750 pour un terme de loyer échu du 15 du c^{t}....................	750	»
du 27 d°.		
95. — Gallois, pour compléter le paiement des 70 pièces de vin en compte à 1/2 avec Bréon, que je lui ai vendues le 15 du c^{t}, me remet, savoir : S/b. à m/o. au 15 mai............... 8000 » S/t^{te} à m/o. sur David, 31 id.......... 5000 » En espèces pour solde.............. 2899 »	15899	»
du d°.		
96. — Les vins en participation avec Bréon étant complétement vendus, je débite ce compte de ma com^{on}, fixée entre nous à 2 0/0, à raison du ducroire, ci sur le total de la vente, qui est de fr. 42 091..........	841	80
du d°.		
97. — Les marchandises en société avec Bréon étant vendues, j'en solde c. à. d. j'en règle le compte, qui se présente ainsi : Avoir, ou produit de la vente, fr...... 42091 » Doit, c. à d. achat et frais............ 39 662 80 Bénéfice net............... 2428 20 La moitié pour chacun de nous est de. 1214 10 dont je passe écriture.		
Nota. En général, ces sortes de compte se soldent, sans être ainsi exposés sur le Brouillard. On les règle à l'aide du Grand-livre, où ils sont tout disposés, et on en porte sur le Journal le résultat, soit en bénéfices, soit en		

	fr.	c.
pertes, comme nous le faisons pour cet article-ci. (Voir aux Exercices, p. 65, n° 97.) Cependant, il serait mieux de porter sommairement le résultat au Brouillard, afin d'avoir sans exception sur ce dernier registre toutes les sommes qui doivent figurer au Journal; cela est important pour la balance.		
1857. *Avril* 29.		
98. — Lorsque Coulon fit faillite, il me devait fr. 1200, que je passai alors comme perte au compte des prof. et pertes. Aujourd'hui, je reçois un dividende de 6 0/0 à valoir sur cette créance, ci............	72	»
du d°.		
99. — Grenard a fourni (a tiré) sur moi, à vue, une t^te^ de fr. 1785 à l'ordre d'André, et je viens d'acquitter cette t^te^....................................	1785	»
du d°.		
100. — Je dispose à vue sur Lombard pour fr. 1940, o./ Prunier, à qui je la remets à valoir...........	1940	»
du 30 d°.		
101. — Je tire à 10 j. de v. sur Hermann, de Strasbourg, pour fr. 1450 o./ Thorel, qui m'en compte la valeur, sous déduction à forfait de fr. 10, ci......	1450	»
du d°.		
102. — J'ai encaissé les effets ci-dessous échus : B./ Lucien, de Paris................ 400 » B./ Edmond........................ 1517 » B./ Evrard.......................... 2465 »	3982	»
du d°.		
103. — J'ai payé m./ b./ suivants échus : M./ b./ o./ Simonin............... 1432 50 M./ b./ o./ Ravaud................ 1200 M./ acceptation de la t^te^ André.... 450 50	3083	»
du d°.		
104. — J'ai payé aux suivants : à Vincent, en espèces...... 454 à id. en un b/sur Paris, 31 mai 845 1299 » à Richard, en espèces...... 400 au même, en espèces, sous déduction de 2 0/0, fr. 2200, ci espèces.............. 2156 Escompte................ 44 2600	3899	»
du d°.		
105. — Les dépenses de ma maison se sont élevées pour le mois d'avril à fr............................	756	

					fr.	c.
1857. *Mai* 1er.						
106. — J'ai échangé le piano de ma femme contre un autre. J'ai payé pour retour					480	»
du d°.						
107. — En faisant la recette, un de mes employés a perdu un billet de banque de fr. 200. Je consens à supporter la moitié de cette perte					100	»
du d°.						
108. — Je vends à Villars des soieries pr fr. 5 400.						
A valoir il me remet :						
S/b à m/o au 30 juin			800	»		
Un b/ sur Philippe, 30 juin			1 700	»		
Un de mes propres b/ dont il était porteur			1 200	»		
Restant dû par Villars			1 700	»	5 400	»
du 5 d°.						
109. — J'achète des suivants :						
de Duval 12 barriques alcool, ensemble fr. 4 700, que je lui règle en m/b à s/o au 31 juillet			4 700	»		
de Collin, 15 barr. eau-de-vie faisant ensemble fr. 3 000 que je règle ainsi :						
En un effet de portefeuille sur Arnaud, pble le 15 juin	2 000	»				
En espèces pour solde	1 000	»	3 000	»	7 700	»
du 6 d°.						
110. — Antoine me prête pour 3 mois fr. 4 900 sous escte de 6 0/0 qu'il retient, ci espèces			4 826	50		
Escompte			73	50	4 900	»
du 7 d°.						
111. — Je prête à Bernard, pour 2 mois, à 6 0/0 par an, fr. 4 500, sur lesquels j'ai retenu cet intérêt.						
Je lui ai donc compté en espèces			4 455	»		
Escte retenu			45	»	4 500	»
du d°.						
112. — Payé tant pr impôts que pr diverses réparations concernant ma maison de Versailles					107	»
du 10 d°.						
113. — Reçu en espèces pr 6 mois de loyer de ma maison de Versailles					750	»

	fr.	c.
1857. *Mai* 12.		
114. — Acheté de Dreyfus, de Lyon, par l'intermédiaire de Martin, des soieries et des velours pour la somme nette de............... 22 150 » Comon de Martin, 1/2 0/0.......... 110 75	22 260	75
du 14 *d°.*		
115. — En examinant les marchandises que Dreyfus m'a expédiées, j'ai trouvé une pièce de soie mesurant 34 mètres dans un état qui m'empêche de l'accepter. Ci à fr. 8 75 c. le mètre, et 3 0/0 d'escompte, conditions auxquelles cette pièce m'a été vendue.	288	»
du 16 *d°.*		
116. — J'ai acheté pour Arnaud, de Dijon, d'après s/ordre et pour son compte, des bas et de la broderie de Paris pr fr. 7 450 qu'il a réglés directement à ses vendeurs. Ci pr ma comon à 1 0/0.........	74	50
du 20 *d°.*		
117. — Dumont prévoyant ne pouvoir payer à la fin de ce mois un effet souscrit par lui, et dont je suis porteur, me propose de le renouveler et d'en reporter l'échéance au 31 juillet. J'accepte sa proposition, et il me paie comptant l'intérêt de ces 2 mois à 6 0/0 et 1/2 0/0 comon. Ci le montant de cet effet, 2 000 Intérêts que je reçois...... 20 » Comon................. 10 » 30 »	30	»
du d°.		
118. — Muret, qui me devait fr. 350, meurt insolvable..	350	»
du 22 *d°.*		
119. — J'achète de Julien, pour l'usage de ma maison, 3 barr. de vin à fr. 70 l'une, que je lui paie compt..................................	210	»
du d°.		
120. — Je vends au comptant une des pièces de vin achetées de Julien pour l'usage de ma maison.....	80	»

EXPLICATIONS

DES ARTICLES SERVANT D'EXERCICES.

(Voy. de la page 47 à la page 61.)

		fr.	c.
N° 1. — *Divers à Capital*		45000	»
Caisse	35000 »		
Georges	3500 »		
Antoine	4000 »		
Mobilier	2500 »		
2. — *March. Gén. à Caisse*		1500	»
3. — *March. Génér. à Bréon*		2200	»
4. — *Caisse à March. Gén.*		800	»
5. — *March. Gén. à Effets à Per*		600	»
6. — *Dumont à March. Gén.*		1100	»
7. — *March. Gén. à Divers*		825	»
à Effets à Per	350 »		
à Caisse	475 »		
8. — *Effets à Roir à March. Gén.*		1478	»
9. — *Divers à March. Gén.*		2400	»
Effets à Roir	1800 »		
Caisse	600 »		
10. — *Divers à March. Gén.*		7370	»
Bréon	4670 »		
Roland	2700 »		
11. — *Divers à March. Gén.*		1235	»
Charles	890 »		
Caisse	345 »		
12. — *March. Gén. à Divers*		4460	»
à Effets à Per	2000 »		
à Effets à Roir	500 »		
à Caisse	1960 »		
13. — *March. Gén. à Divers*		1700	»
à Effets à Roir	1200 »		
à March. Gén.	500 »		
14. — *Rousseau à March. Gén.*		4975	»

			fr.	c.
15.—*Julien à Divers*			3065	»
à Effets à R^{oir}		1854 »		
à Effets à P^{er}		776 »		
à Caisse		435 »		
16.—*Divers à Rousseau*			4975	»
Caisse		4875 50		
Prof. et Pertes		99 50		
17.—*Divers à March. Gén.*			1492	»
Effets à P^{er}		992 »		
Effets à R^{oir}		500 »		
18.—*Effets à P^{er} à Caisse*			1154	»
19.—*Mobilier à Caisse*			470	»
20.—*Divers à March. Gén.*			5000	»
Effets à R^{oir}		3840 »		
Edmond		1160 »		
21.—*Rolin à Effets à P^{er}*			1975	»
22.—*Effets à R^{oir} à Dumas,*			1260	»
23.—*Caisse à Lamblin*			3150	»

Nota. Pour ce n° 23, on eût pu passer deux articles et dire :

1° *Effets à R^{oir} à Lamblin*...... 3150 »

2° *Caisse à Effets à Recevoir*.... 3150 »

Mais remarquez que le compte des *Effets à Recevoir* étant *débité* dans le premier article de fr. 3150, et *crédité* de la même somme dans le second, il ne reste en réalité que ceci :

Caisse à Lamblin fr. 3150.

			fr.	c.
24.—*Divers à Barbier*			2400	»
Caisse		2370 »		
Profits et Pertes		30 »		
(Mêmes motifs qu'au n° 23.)				
25.—*Caisse à Divers*			3809	50
à Duroc		3800 »		
pour ma t^{te} sur lui, etc., etc.				
à Profits et Pertes		9 50		
bénéfices sur la négociation de cette t^{te}.				
26.—*Divers à March. Gén.*			8060	»
Beaudin		1800 »		
Effets à R^{oir}	1800 »			
Garnier	500 »	2300 »		
Caisse	1960 »			
Gérard	2000 »	3960 »		

			fr.	c.
27. — *March. Gén. à Divers*			7600	»
à Effets à P^{er}	1 500 »			
à Frénais	500 »	2 000 »		
à Effets à R^{oir}		5 600 »		
28. — *Gallois à Effets à P^{er}*			2500	»
29. — *Divers à Henrion*			5000	»
Effets à P^{er}		1000 »		
Effets à R^{oir}		3 250 »		
Caisse		750 »		
30. — *Caisse à Effets à R^{oir}*			2400	»
31. — *Effets à P^{er} à Caisse*			2219	»
32. — *Frais Gén. à Caisse*			687	»
Ou bien :				
Profits et Pertes à Caisse		687 »		
Cependant il est mieux d'ouvrir un compte à *Frais Généraux*, que le négociant débite des dépenses de sa maison, des frais de commis, de voyage, de charretier, d'écurie, de magasin, d'éclairage, etc., etc. Ce compte apprend au négociant ce que lui coûte son train de maison.				
33. — *Mobilier à Caisse*			1 255	»
34. — *Simon à March. Gén.*			125	»
Ici on *crédite* les *March. Générales*, parce que dans l'origine elles ont été *débitées* de fr. 125 de trop.				
On eût pu dire aussi :				
Simon à Profits et Pertes.				
(Cela revient au même.)				
35. — *Divers à Henrion*			2750	»
Caisse		2 722 50		
Profits et Pertes		27 50		
36. — *Savari à Divers*			3000	»
à Caisse		2 955 »		
à Profits et Pertes		45 »		
37. — *Divers à Marion*			2800	»
Caisse		2 772 »		
Profits et Pertes		28 »		
38. — *Effets à R^{oir} à Divers*			1800	»
à Caisse		1 764 »		
à Profits et Pertes		36 »		
39. — *Divers à Effets à P^{er}*			5000	»
Effets à R^{oir}		1 200 »		
Caisse		3 650 »		
Profits et Pertes		150 »		
40. — *Muret à March. Gén.*			525	»

	fr.	c.
41. — *Millot à March. Gén.*	15	»
42. — *Frais Généraux à Caisse*	105	»
43. — *Divers à Capital*	50000	»
Caisse 25000 »		
Maison à Versailles 25000 »		
Quand on a une propriété rurale ou une maison, on lui ouvre un compte particulier qu'on *débite* des impôts et des réparations au moment où on les paie, et qu'on *crédite* des loyers ou des fermages quand on les reçoit.		
44. — *Effets à Roir à Divers*	5387	15
En pareil cas, il est inutile de passer un article de *Profits et Pertes* pour y porter les 112 fr. 85 c. provenant de l'intérêt et de la commission. Voyez-en le motif à la note de la page 31.		
45. — *Caisse à Effets à Roir*	4029	75
Ici, comme à l'article 44, ne faites pas intervenir le compte de *Profits et Pertes*.		
46. — *Frais Généraux à Caisse*	1200	»
ou bien		
Capital à Caisse 1200 »		
(Cela revient au même).		
47. — *Nicolle à Divers*	1850	»
à Caisse 1808 40		
à Profits et Pertes 41 60		
48. — *Divers à Didier*	900	»
Caisse 888 75		
Profits et Pertes 11 25		
49. — *Caisse à Effets à Roir*	3510	»
50. — *Lafont à Vincent*	2715	»
(Voir l'explication du n° 23).		
51. — *Péraud à Divers*	2581	»
à Effets à Roir 1743 50		
à Effets à Per 837 50		
52. — *Lambert à March. Gén.*	2515	»
J'adresse bien à Antoine des marchandises, mais je l'autorise à les payer à un autre : je ne puis donc plus le considérer comme mon débiteur. Lambert devant recevoir le prix de ces marchandises, les doit comme si elles avaient été expédiées à lui-même.		
On aurait pu aussi faire deux articles et dire :		
1° *Antoine à March. Gén.* 2515 »		
2° *Lambert à Antoine* 2515 »		
Mais remarquez que dans le premier article Antoine		

	fr.	c.
doit fr. 2515, et que dans le second *il lui est dû* la même somme; or cela s'entre-détruit, et il ne reste pour *débiteur* que *Lambert*, et, pour créancier, *March. Générales.*		
53. — *Caisse à Divers*	1870	»
à Georges .... 977 »		
à Frénais .... 415 »		
à Gérard .... 478 »		
54. — *Edmond à Divers*	4500	»
à Naudin .... 1534 »		
à Effets à Per .... 2000 »		
à Effets à Roir .... 966 »		
Pour la traite que je fais aujourd'hui sur Naudin, j'aurais pu passer un article ainsi conçu :		
Effets à Roir à Naudin .... 1534 »		
Puis, remettant cette traite à Edmond, faire ce second article :		
Edmond à Effets à Roir .... 1534 »		
Ici encore, c'est, quant au compte des *Effets à Recevoir*, annuler, l'instant d'après, ce qu'on a écrit l'instant d'avant. Ainsi que nous l'avons déjà dit, c'est là le chemin des écoliers : élaguez et allez droit au but.		
55. — *Vautrin à Profits et Pertes*	43	20
56. — *March. gén. à Divers*	23617	50
à Gaspard et Cie .... 23500 »		
à Villars 117 50		
57. — *Frais Gén. à Caisse*	475	»
58. — *Divers à Capital*	20000	»
Caisse .... 4500 »		
Gaston (mon frère) .... 15500 »		
59. — *Mobilier à Caisse*	1500	»
S'il s'agissait d'objets de toilette se détruisant par l'usage, on en débiterait *Frais Généraux*.		
60. — *Frais Gén. à Caisse*	200	»
61. — *Frais Gén. à Caisse*	780	»
62. — *March. Gén. à Effets à Per*	4900	»
63. — *Caisse à March. Gén.*	7820	»
Je dis 7820 fr. et non 8000 fr., parce qu'en définitive ces vins ne sont réellement vendus que fr. 7820 au comptant.		
64. — *Duval à Divers*	2155	»
à Effets à Roir .... 2150 »		
à Caisse .... 5 »		

	fr.	c.
65. — *Caisse à Effets à R^{oir}*................ 1800 »		
Quoique la *retraite* soit de 1 817 fr. 50 c., je n'ai reçu que la somme primitive, c.-à-d. 1800 fr.		
Quant aux 17 fr. 50 c., ils restent, sauf les frais de protêt qui m'ont été rendus, dans les mains du banquier qui m'a remis les fonds.		
66. — *Ragon à Effets à P^{er}*........................	2112	50
67. — Nous l'avons dejà dit, nous ne sommes pas partisan des *Divers à Divers*; et c'est ce cas qui se présente au n° 67, que nous diviserons ainsi en trois articles :		
1° *Barbier à Divers*..........................	3420	»
à Effets à R^{oir}............... 2470 »		
à Effets à P^{er}................ 950 »		
2° *Prunier à Effets à R^{oir}*......................	1700	»
3° *Duroc à Divers*...........................	1640	»
à Caisse.................... 1611 30		
à Profits et Pertes............. 28 70		
68. — *Caisse à Effets à R^{oir}*.......................	5313	50
69. — *Effets à R^{oir} à Caisse*.......................	5518	95
70. — *Divers à Barbier*...........................	2217	»
Caisse...................... 2181 »		
Profits et Pertes.............. 36 »		
Encore un de ces articles doubles qu'on eût pu passer ainsi :		
1° *Effets à R^{oir} à Barbier*....... 2217 »		
2° *Caisse à Effets à R^{oir}*........ 2181 »		
Mais le compte des *Effets à Recevoir* étant *débité* et *crédité*, s'annule sauf une perte de fr. 36; et il ne reste en réalité que *Caisse à Barbier*, et également une perte de fr. 36 : encore une fois allez au plus court.		
71. — *March. Gén. à Divers*.........................	15700	»
à Effets à R^{oir}............... 9975 »		
à Caisse.................... 2940 »		
à Profits et Pertes............ 60 »		
à Rivière................... 2725 »		
72. — *March. Gén. à March. Gén.*...................	2850	»
73. — *Gallois à Villars*..........................	1780	»
(Voir l'explication du n° 23.)		
74. — *Étienne à Rimbaud*..........................	1125	»
75. — *Caisse à Effets à R^{oir}*.......................	2715	»
76. — *Effets à P^{er} à Caisse*........................	1248	»
77. — *March. de Bourdon à Caisse*...................	201	50

		fr.	c.
78. — *March. de Cte à 1/2 avec Bréon à Julien*		36666	»
79. — *Julien à Divers*		10100	»
à Effets à Roir	6900 »		
à Effets à Per	3200 »		
80. — Encore un *Divers à Divers* dont nous ferons deux articles :			
1° *Divers à Laumont*		3500	»
Caisse	2700 »		
Effets à Roir	800 »		
2° *Divers à Simon*		3000	»
Caisse	2985 »		
Profits et Pertes	15 »		
81. — *Frais Généraux à Caisse*		789	50
82. — *March. de Cte à 1/2 avec Bréon à Caisse*		2155	»
83. — *Julien à Effets à Per*		6500	»
84. — *Divers à Collin*		2700	»
Caisse	2690 »		
Profits et Pertes	10 »		
85. — *Henrion à March. de Cte à 1/2 avec Bréon*		10192	»
86. — *Caisse à March. de Bourdon*		3666	60
87. — *March. de Bourdon à Divers*		3465	10
à Effets à Per	3373 45		
à Profits et Pertes	91 65		
88. — *Divers à Henrion*		10192	»
Effets à Roir	8000 »		
Caisse	2192 »		
89. — *Gallois à March. de Cte à 1/2 avec Bréon*		31899	»
90. — *Germain à Dupuis*		2300	»
91. — *Collin à Caisse*		2715	75
92. — *Effets à Roir à Collin*		2715	75
93. — *Julien à Gallois*		16000	»
Reçu de Gallois les valeurs ci-dessous, que je remets à Julien, à valoir sur ses vins, savoir : Traite de Gallois, etc., etc.			
94. — *Frais Généraux à Caisse*		750	»
95. — *Divers à Gallois*		15899	»
Effets à Roir	13000 »		
Caisse	2899 »		
96. — *March. de Cte à 1/2 avec Bréon à Prof. et Ptes*		541	80

		fr.	c.
97.—*March. de Cte à 1/2 avec Bréon à Divers*.........		2428	20
à Bréon........................	1214 10	-	
pour sa moitié des bénéf. nets,			
à Profits et Ptes................	1214 10		
pour ma moitié des bénéf. nets.			
98.—*Caisse à Prof. et Pertes*...........................		72	»
99.—*Grenard à Caisse*.............................		1785	»
100.—*Prunier à Lombard*............................		1940	»
101.—*Divers à Hermann*.............................		1450	»
Caisse.........................	1440 »		
Prof. et Pertes................	10 »		
102.—*Caisse à Effets à Roir*........................		3982	»
103.—*Effets à Per à Caisse*..........................		3083	»
104.—Au lieu de faire un article de *Divers à Divers*, nous diviserons ainsi :			
1° *Vincent à Divers*...........................		1299	»
à Caisse.....................	454 »		
à Effets à Roir................	845 »		
2° *Richard à Divers*.............................		2600	»
à Caisse......................	2556 »		
1° pour espèces....... 400 »			
2° pour id. sous escte de 2 0/0, ci net... 2156 »			
à Profits et Pertes.............	44 »		
105.—*Frais Gén. à Caisse*..............................		756	»
106.—*Mobilier à Caisse*................................		480	»
107.—*Profits et Pertes à Caisse*.......................		100	»
108.—*Divers à March. Gén*..............................		5400	»
Effets à Roir...................	2500 »		
Effets à Per....................	1200 »		
Villars.........................	1700 »		
109.—*March. Gén. à Divers*.............................		7700	»
à Effets à Per.................	4700 »		
à Effets à Roir................	2000 »		
à Caisse.......................	1000 »		
110.—*Divers à Antoine*.................................		4900	»
Caisse.........................	4826 50		
Profits et Pertes..............	73 50		
111.—*Bernard à Divers*.................................		4500	»
à Caisse.......................	4455 »		
à Profits et Pertes............	45 »		
112.—*Maison de Versailles à Caisse*...................		107	»

	fr.	c.
113. — *Caisse à Maison de Versailles*....................	750	»
NOTA. A la fin de l'année, lorsqu'on fait la balance, on solde le compte de *Maison* ou de *Ferme* par *Profits et Pertes*, c'est-à-dire qu'on porte le rapport net à ce dernier compte.		
114. — *March. Gén. à Divers*..........................	22260	75
à Dreyfus.................... 22150 »		
à Martin.................... 110 75		
115. — *Dreyfus à March. Gén*..........................	288	»
116. — *Arnaud à Profits et Pertes*..........................	74	50
117. — *Caisse à Profits et Pertes*..........................	30	»
Intérêts et commission que me paie Dumont sur un effet de fr. 2000, payable le 31 mai, et dont l'échéance a été reportée au 31 juillet.		
118. — *Profits et Pertes à Muret*..........................	350	»
119. — *Frais Gén. à Caisse*..........................	210	»
120. — *Caisse à Frais généraux*..........................	80	»
Ici on *crédite* les *Frais Généraux* pour cette vente, parce qu'ils ont été *débités* de ce vin lors de l'achat.		

MOYEN

DE REDRESSER CERTAINES ERREURS QUE PEUT COMMETTRE LE TENEUR DE LIVRES.

	fr.	c.
PREMIER CAS.		
Le 15 *février j'ai vendu à Gérard* 4 *tonneaux de vin à fr.* 350 *le t*^{eau} *p*^{bles} *à* 4 *mois fr.* 1 400.		
Pour cet article, je devais écrire au journal :		
Gérard à M^{ises} *G*^{ales} fr. 1 400.		
Mais par inadvertance, j'ai écrit :		
Dumont à M^{ises} *G*^{ales}, *fr.* 1400.		
Aujourd'hui, 31 mai, je m'aperçois de cette erreur, que je rectifie en passant au journal l'article que voici :		
Mai 31.		
Gérard à Dumont fr. 1 400.		
P^{r} 4 *t*^{eaux} *vin vendus à Gérard le* 15 *février d*^{er} *et dont, par erreur, Dumont avait été débité à sa place.*		
DEUXIÈME CAS.		
Le 15 *mars dernier, j'ai payé en espèces à Charles, fr.* 850.		
Je devais donc porter ainsi cet art. au journal :		
Charles à Caisse fr. 850;		
Au lieu de cela, j'ai fait une inversion et écrit :		
Caisse à Charles fr. 850.		
Aujourd'hui 31 mai, je reconnais cette erreur, et je la rectifie ainsi :		
Charles à Caisse fr. 1 700,		
1° *Pour pareille somme que je lui ai comptée le* 15 *mars dernier*........................... 850 fr. »		
2° *Pour annuler pareille somme portée à son crédit, alors qu'elle devait figurer à son débit*........................... 850 »	1 700	»

FIN.

www.ingramcontent.com/pod-product-compliance
Ingram Content Group UK Ltd.
Pitfield, Milton Keynes, MK11 3LW, UK
UKHW021620260726
13965UKWH00007B/1387

9 782013 032384